前环衬图片：袁隆平（右一）为培训学员讲解科研试验田间操作技术

Volume

9

Yuan Longping
Collection

袁隆平全集

第九卷

教案

育种讲稿

Volume 9
Course Plan
Lecture Notes on Breeding

主　编————柏连阳

执行主编————袁定阳

　　　　————辛业芸

『十四五』国家重点图书出版规划

湖南科学技术出版社·长沙

本卷编著人员

主　编　辛业芸　　谢长江

出版说明

袁隆平先生是我国研究与发展杂交水稻的开创者，也是世界上第一个成功利用水稻杂种优势的科学家，被誉为"杂交水稻之父"。他一生致力于杂交水稻技术的研究、应用与推广，发明"三系法"籼型杂交水稻，成功研究出"两系法"杂交水稻，创建了超级杂交稻技术体系，为我国粮食安全、农业科学发展和世界粮食供给做出杰出贡献。2019年，袁隆平荣获"共和国勋章"荣誉称号。中共中央总书记、国家主席、中央军委主席习近平高度肯定袁隆平同志为我国粮食安全、农业科技创新、世界粮食发展做出的重大贡献，并要求广大党员、干部和科技工作者向袁隆平同志学习。

为了弘扬袁隆平先生的科学思想、崇高品德和高尚情操，为了传播袁隆平的科学家精神、积累我国现代科学史的珍贵史料，我社策划、组织出版《袁隆平全集》（以下简称《全集》）。《全集》是袁隆平先生留给我们的巨大科学成果和宝贵精神财富，是他为祖国和世界人民的粮食安全不懈奋斗的历史见证。《全集》出版，有助于读者学习、传承一代科学家胸怀人民、献身科学的精神，具有重要的科学价值和史料价值。

《全集》收录了20世纪60年代初期至2021年5月逝世前袁隆平院士出版或发表的学术著作、学术论文，以及许多首次公开整理出版的教案、书信、科研日记等，共分12卷。第一卷至第六卷为学术著作，第七卷、第八卷为学术论文，第九卷、第十卷为教案手稿，第十一卷为书信手稿，第十二卷为科研日记手稿（附大事年表）。学术著作按出版时间的先后为序分卷，学术论文在分类编入各卷之后均按发表时间先后编排；教案手稿按照内容分育种讲稿和作物栽培学讲稿两卷，书信手稿和科研日记手稿分别按写信日期和记录日期先后编排（日记手稿中没有注明记录日期的统一排在末尾）。教案手稿、书信手稿、科研日记手稿三部分，实行原件扫描与电脑录入图文对照并列排版，逐一对应，方便阅读。因时间紧迫、任务繁重，《全集》收入的资料可能不完全，如有遗漏，我们将在机会成熟之时出版续集。

《全集》时间跨度大，各时期的文章在写作形式、编辑出版规范、行政事业机构名称、社会流行语言、学术名词术语以及外文译法等方面都存在差异和变迁，这些都真实反映了不同时代的文化背景和变化轨迹，具有重要史料价值。我们编辑时以保持文稿原貌为基本原则，对作者文章中的观点、表达方式一般都不做改动，只在必要时加注说明。

《全集》第九卷至第十二卷为袁隆平先生珍贵手稿，其中绝大部分是首次与读者见面。第七卷至第八卷为袁隆平先生发表于各期刊的学术论文。第一卷至第六卷收录的学术著作在编入前均已公开出版，第一卷收入的《杂交水稻简明教程（中英对照）》《杂交水稻育种栽培学》由湖南科学技术出版社分别于1985年、1988年出版，第二卷收入的《杂交水稻学》由中国农业出版社于2002年出版，第三卷收入的《耐盐碱水稻育种技术》《盐碱地稻作改良》、第四卷收入的《第三代杂交水稻育种技术》《稻米食味品质研究》由山东科学技术出版社于2019年出版，第五卷收入的《中国杂交水稻发展简史》由天津科学技术出版社于2020年出版，第六卷收入的《超级杂交水稻育种栽培学》由湖南科学技术出版社于2020年出版。谨对兄弟单位在《全集》编写、出版过程中给予的大力支持表示衷心的感谢。湖南杂交水稻研究中心和袁隆平先生的家属，出版前辈熊穆葛、彭少富等对《全集》的编写给予了指导和帮助，在此一并向他们表示诚挚的谢意。

湖南科学技术出版社

总　序

一粒种子，改变世界

一粒种子让"世无饥馑、岁晏余粮"。这是世人对杂交水稻最朴素也是最崇高的褒奖，袁隆平先生领衔培育的杂交水稻不仅填补了中国水稻产量的巨大缺口，也为世界各国提供了重要的粮食支持，使数以亿计的人摆脱了饥饿的威胁，由此，袁隆平被授予"共和国勋章"，他在国际上还被誉为"杂交水稻之父"。

从杂交水稻三系配套成功，到两系法杂交水稻，再到第三代杂交水稻、耐盐碱水稻，袁隆平先生及其团队不断改良"这粒种子"，直至改变世界。走过91年光辉岁月的袁隆平先生虽然已经离开了我们，但他留下的学术著作、学术论文、科研日记和教案、书信都是宝贵的财富。1988年4月，袁隆平先生第一本学术著作《杂交水稻育种栽培学》由湖南科学技术出版社出版，近几十年来，先生在湖南科学技术出版社陆续出版了多部学术专著。这次该社将袁隆平先生的毕生累累硕果分门别类，结集出版十二卷本《袁隆平全集》，完整归纳与总结袁隆平先生的科研成果，为我们展现出一位院士立体的、丰富的科研人生，同时，这套书也能为杂交水稻科研道路上的后来者们提供不竭动力源泉，激励青年一代奋发有为，为实现中华民族伟大复兴的中国梦不懈奋斗。

袁隆平先生的人生故事见证时代沧桑巨变。先生出生于 20 世纪 30 年代。青少年时期，历经战乱，颠沛流离。在很长一段时期，饥饿像乌云一样笼罩在这片土地上，他胸怀"国之大者"，毅然投身农业，立志与饥饿做斗争，通过农业科技创新，提高粮食产量，让人们吃饱饭。

在改革开放刚刚开始的 1978 年，我国粮食总产量为 3.04 亿吨，到 1990 年就达 4.46 亿吨，增长率高达 46.7%。如此惊人的增长率，杂交水稻功莫大焉。袁隆平先生曾说："我是搞育种的，我觉得人就像一粒种子。要做一粒好的种子，身体、精神、情感都要健康。种子健康了，事业才能够根深叶茂，枝粗果硕。"每一粒种子的成长，都承载着时代的力量，也见证着时代的变迁。袁隆平先生凭借卓越的智慧和毅力，带领团队成功培育出世界上第一代杂交水稻，并将杂交水稻科研水平推向一个又一个不可逾越的高度。1950 年我国水稻平均亩产只有 141 千克，2000 年我国超级杂交稻攻关第一期亩产达到 700 千克，2018 年突破 1 100 千克，大幅增长的数据是我们国家年复一年粮食丰收的产量，让中国人的"饭碗"牢牢端在自己手中，"神农"袁隆平也在人们心中矗立成新时代的中国脊梁。

袁隆平先生的科研精神激励我们勇攀高峰。马克思有句名言："在科学的道路上没有平坦的大道，只有不畏劳苦沿着陡峭山路攀登的人，才有希望达到光辉的顶点。"袁隆平先生的杂交水稻研究同样历经波折、千难万难。我国种植水稻的历史已经持续了六千多年，水稻的育种和种植都已经相对成熟和固化，想要突破谈何容易。在经历了无数的失败与挫折、争议与不解、彷徨与等待之后，终于一步一步育种成功，一次一次突破新的记录，面对排山倒海的赞誉和掌声，他却把成功看得云淡风轻。"有人问我，你成功的秘诀是什么？我想我没有什么秘诀，我的体会是在禾田道路上，我有八个字：知识、汗水、灵感、机遇。"

"书本上种不出水稻，电脑上面也种不出水稻"，实践出真知，将论文写在大地上，袁隆平先生的杰出成就不仅仅是科技领域的突破，更是一种精神的象征。他的坚持和毅力，以及对科学事业的无私奉献，都激励着我们每个人追求卓越、追求梦想。他的精神也激励我们每个人继续努力奋斗，为实现中国梦、实现中华民族伟大复兴贡献自己的力量。

袁隆平先生的伟大贡献解决世界粮食危机。世界粮食基金会曾于 2004 年授予袁隆平先生年度"世界粮食奖"，这是他所获得的众多国际荣誉中的一项。2021 年 5 月

22 日，先生去世的消息牵动着全世界无数人的心，许多国际机构和外国媒体纷纷赞颂袁隆平先生对世界粮食安全的卓越贡献，赞扬他的壮举"成功养活了世界近五分之一人口"。这也是他生前两大梦想"禾下乘凉梦""杂交水稻覆盖全球梦"其中的一个。

一粒种子，改变世界。袁隆平先生和他的科研团队自 1979 年起，在亚洲、非洲、美洲、大洋洲近 70 个国家研究和推广杂交水稻技术，种子出口 50 多个国家和地区，累计为 80 多个发展中国家培训 1.4 万多名专业人才，帮助贫困国家提高粮食产量，改善当地人民的生活条件。目前，杂交水稻已在印度、越南、菲律宾、孟加拉国、巴基斯坦、美国、印度尼西亚、缅甸、巴西、马达加斯加等国家大面积推广，种植超 800 万公顷，年增产粮食 1600 万吨，可以多养活 4000 万至 5000 万人，杂交水稻为世界农业科学发展、为全球粮食供给、为人类解决粮食安全问题做出了杰出贡献，袁隆平先生的壮举，让世界各国看到了中国人的智慧与担当。

喜看稻菽千重浪，遍地英雄下夕烟。2023 年是中国攻克杂交水稻难关五十周年。五十年来，以袁隆平先生为代表的中国科学家群体用他们的集体智慧、个人才华为中国也为世界科技发展做出了卓越贡献。在这一年，我们出版《袁隆平全集》，这套书呈现了中国杂交水稻的求索与发展之路，记录了中国杂交水稻的成长与进步之途，是中国科学家探索创新的一座丰碑，也是中国科研成果的巨大收获，更是中国科学家精神的伟大结晶，总结了中国经验，回顾了中国道路，彰显了中国力量。我们相信，这套书必将给中国读者带来心灵震撼和精神洗礼，也能够给世界读者带去中国文化和情感共鸣。

预祝《袁隆平全集》在全球一纸风行。

刘旭，著名作物种质资源学家，主要从事作物种质资源研究。2009 年当选中国工程院院士，十三届全国政协常务委员，曾任中国工程院党组成员、副院长，中国农业科学院党组成员、副院长。

凡　例

1.《袁隆平全集》收录袁隆平20世纪60年代初到2021年5月出版或发表的学术著作、学术论文，以及首次公开整理出版的教案、书信、科研日记等，共分12卷。本书具有文献价值，文字内容尽量照原样录入。

2.学术著作按出版时间先后顺序分卷；学术论文按发表时间先后编排；书信按落款时间先后编排；科研日记按记录日期先后编排，不能确定记录日期的4篇日记排在末尾。

3.第七卷、第八卷收录的论文，发表时间跨度大，发表的期刊不同，当时编辑处理体例也不统一，编入本《全集》时体例、层次、图表及参考文献等均遵照论文发表的原刊排录，不作改动。

4.第十一卷目录，由编者按照"×年×月×日写给××的信"的格式编写；第十二卷目录，由编者根据日记内容概括其要点编写。

5.文稿中原有注释均照旧排印。编者对文稿某处作说明，一般采用页下注形式。作者原有页下注以"※"形式标注，编者所加页下注以带圈数字形式标注。

7.第七卷、第八卷收录的学术论文，作者名上标有"#"者表示该作者对该论文有同等贡献，标有"*"者表示该作者为该论文的通讯作者。对于已经废止的非法定计量单位如亩、平方寸、寸、厘、斤等，在每卷第一次出现时以页下注的形式标注。

8.第一卷至第八卷中的数字用法一般按中华人民共和国国家标准《出版物上数字

用法的规定》执行，第九卷至第十二卷为手稿，数字用法按手稿原样照录。第九卷至第十二卷手稿中个别标题序号的错误，按手稿原样照录，不做修改。日期统一修改为"××××年××月××日"格式，如"85—88年"改为"1985—1988年""12.26"改为"12月26日"。

9.第九卷至第十二卷的教案、书信、科研日记均有手稿，编者将手稿扫描处理为图片排入，并对应录入文字，对手稿中一些不规范的文字和符号，酌情修改或保留。如"弗"在表示费用时直接修改为"费"；如"∴"表示"所以"，予以保留。

10.原稿错别字用〔〕在相应文字后标出正解，如"付信件"改为"付〔附〕信件"；同一错别字多次出现，第一次之后直接修改，不一一注明，避免影响阅读。

11.有的教案或日记有残缺，编者加注说明。有缺字漏字，在相应位置使用〔〕补充，如"无融生殖"修改为"无融〔合〕生殖"；无法识别的文字以"□"代替。

12.某些病句，某些不规范的文字使用，只要不影响阅读，均照原稿排录。如"其它""机率""2百90""三～四年内""过P酸Ca"及"做""作"的使用，等等。

13.第十一卷中，英文书信翻译成中文，以便阅读。部分书信手稿为袁隆平所拟初稿，并非最终寄出的书信。

14.第十二卷中，手稿上有许多下划线。标题下划线在录入时删除，其余下划线均照录，有利于版式悦目。

目录

第一讲　育种讲稿：绪论 —————————— 001

绪　论 / 005

第二讲　育种讲稿：孟、摩学派遗传学 —————————— 067

杂种优势 / 071

孟德尔学派关于杂种后代的遗传规律 / 087

连锁遗传在育种上的应用 / 127

第三讲　育种讲稿：杂交育种　杂种优势的利用 ———————— 145

第一章　杂交育种 / 149

第二章　杂种优势的利用育种 / 171

第一讲 育种讲稿：绪论

授课日期：第1周．时间：4小时 ~~XXXX~~

章节、课题：　　　绪论

目的要求：　了解本科、饲料化育的意义和任务，这科学的发展简史及在解放后我口本科和饲料化育工作上的巨大成就

绪论

第一节　本科和饲料学育的基本概况

本课程由营养、本科和饲料化育三门学科组成．任务：系统介绍出来生物科学的基本原理以及本科、饲料化育的主要原则和方法，为今后从事本科和饲料化育工作打下初步基础．同时，由于营养学~~的~~涉及到许多基本的生物科学原理，因此，学好这门科学~~是~~一般生物学和农学又化论上是有相当的提高．

必须声明，本课科基~~本~~的是以马克思主义~~的~~理论指导思想．~~（马克思主义~~，在营养学中存在着许多基本性关志同的学派），也是本着在科工作和教学中贯彻百家争鸣的精神和为了

（原稿第 1 面）

授课日期: 第 1 周　时间: 4 小时

基本课题: 绪论

目的要求: 了解选种、良种繁育的意义和任务，选种学的发展
　　　　　 简史及在解放后我国选种和良种繁育工作上的巨大
　　　　　 成就。

绪　论

第一节　育种和良种繁育的基本概念

本课程由遗传、育种和良种繁育三门学科组成。任务: 系统
介绍米丘林生物科学的基本原理以及育种、良种繁育的主要原则
和方法，为今后从事育种和良种繁育工作打下初步基础。同时，
由于遗传学涉及到许多重要的生物科学原理，因此，学好这门科
学在一般生物学和农学理论上也有相当的提高。

必须声明，本课程基本上是以米丘林学说为理论指导思想
（在遗传学中存在着二个基本观点不同的学派），但是本着在科研
和教学中贯彻百家争鸣的精神和为了

培养独立思考能力和扩大知识范围，在有关学术上的争论问题 ~~在~~ 上。也善于从这几个不同学派的论点，认真识别，主要由你们自己判断。本人在某些问题、也表示一下我的看法。其实我是没有资格讲我属于那一学派。至于某些有明显错误的地方，则无论什么派，都要加以批判。

§1 畜科和农科在畜牧的注意和异同

在世界历史证明，从古到今，在家畜生产上总是于采用了两科方法来改进牲畜，提高其产量和品质，满足人类的需要。

第一科方法是改善牲畜的生活条件，来提高其生产力。如饲喂、施肥、改良土壤以及选择除草等。广义地说来，这些措施都属于栽培技术范围的。当然，这种方法的巨大动力是人人皆知的。对于提高牲畜的生产力和促使牲畜到什么高具有首要的意义。如同一此科专方法

（原稿第 2 面）

培养独立思考能力和扩大这方面的知识范围，在有关学术上的争
论问题上，也客观地介绍不同学派的论点，谁是谁非，主要由你
们自己来判断，本人在某些问题，也表示一下自己的看法，其实
我还没有资格讲自己是属于哪一学派，至于某些公认有明显错误
的地方，则无论何派，都提出批判。

§1　育种和良种繁育学的涵意〔义〕和任务

农业历史证明，从古到今，在农业生产上不外乎采用了两种
方法来改进植物，以提高其产量和品质，满足人类的需要。

第一种方法是改善植物的生活条件，来提高其生产力。如灌
溉、施肥、改良土壤以及中耕除草等等。广义地说来，这些措施
都是属于栽培技术范围的。当然，这种方法的巨大效力是尽人皆
知的，对于提高植物的生产力和促使植物驯化方面具有首要的意
义。如同一品种在劳模

吧，小麦经济价值行

亲属的产量就比普通农民种的高好几倍。当然，

但是，仅仅利用改善栽培技术来提高作物的产量还只是单方面的。还不能满足人类的需要和愿望。品种，性不好，如易折、易倒、易倒伏、易倒伏，则产量以能达到一定的程度，若再提高栽培技术（如施肥），它的产量就不会再有显著地增加。可能反会造成不良后果而减产（迟迟了成熟、生长倒伏等）。品种是在各方面的做出很重要，如棉花的纤维长短，由品质决定的含油量、西瓜苹果的气味和甜度等一，由于受到品种的限制，即使用提高栽培技术，其一项的改善是都有期限不会很大的。（它和普遍的营养生长，使植体长得秕些、胖些，但绝不会因此而成为长了）

因此，人类不单用了单一种方法来改进栽培提高其产量一改进栽培的条件

（原稿第 3 面）

手里的产量就可比普通农民的提高好几倍，肥水条件好的产量
高等。

　　但是，仅仅利用改善栽培技术来提高作物的产量还只是单方
面的，还不能满足人类的需要和欲望。品种种性不好，如茎秆软
弱、不耐肥、易倒伏，则产量只能达到一定的程度，若再提高栽
培技术（如多施肥），它的产量是不会再有显著增加的，可能反
会造成不良后果而减产（迟迟不成熟、徒长、倒伏等）。特别是
一些经济作物，在品质方面的要求很严，如棉花纤维的长短，油
料作物的含油量，西瓜等水果的风味和甜度等等。由于受到种性
的限制，即使再提高栽培技术，对其品质的改善在短时期内奏效
是不会很大的，生长期的改变亦然（正如好的营养条件能使人长
得壮些、胖些，但矮子决〔不〕会因此而成为长子）。

　　因此，人类还采用了另一种方法来改进植物和提高其产
量——改进植物的本性

010

使之能更符合人类的需要。这种工作就属于育种和良种繁育范围的，是种业实践工作的主要内容。～～～～～～～～～～～～

然而这两项工作又是密切联系而不可分割的。如果只单纯靠一种方法来提高产量，其效果一定是不大的。根据遗传与环境的关系，栽培优良品种只有在～～～～～～的优良的生活条件下才能创造出来，亦即不改善生活条件，不改进农业技术，就不能改进栽培的品种。同时，一个品种的优良特性，也只有在符合其要求的优良条件下才能发挥出来（如一个丰产潜力很高的抗大斑病的玉米品种，如果在晚播、营养不良的条件下表现不出来，如种在瘠薄、杂草丛生的田里则一定表现不好）。这种工作者，必须要认识这一关：即改善生活条件是项制造育种工作

（原稿第 4 面）

使之能更符合人类的需要。这项工作就是属于育种和良种繁育范围的，也即是本课程的主要内容。

　　然而必须强调指出，上述两种方法是密切联系而不可分割的，二者是相辅相成、互相促进的。如果只是单纯靠一种方法来提高产量，其效果一定是不大的。根据米丘林学说的观点，植物优良的本性只有在优良的生活条件影响下才能创造出来，亦即不改善生活条件、不改进农业技术就不能改进植物的本性。同时，一个品种的优良种性，也唯有在符合其要求的优良条件下才能发挥出来（如一个丰产潜力很高的穗大、粒多的水稻品种，必须在土壤肥沃、管理精细的条件下表现出来，如处在瘠薄、杂草滋生的田里则一定表现不好，而且种性还会恶化）。选种工作者，必须要认识这一点: 即改善生活条件是顺利进行育种工作的研究。我认为，如果我们能将栽培技术，而不仅是说选栽种的苗木上多下工夫，那末其产量和品质的提高也将会受到限制的。如果在将这两种方案配合起来，才能够不断提高栽种的产量、品质并能使栽种更加满足我们的需要。

育种学——是研究选育优良品种的科学，某任务就是创造优良的品种，又可以理解为人工进化的科学。这是一门具有广阔前途和高级艺术性质的科学。一定要干好？

举些例子：用人力使迅速使动植物种类发生急剧变化，这个办法，人类在这方面有一个大的更有价值的活动范围。

随着农业在我们伟大祖国里，比一般的技术的迅猛飞跃，我有理由可以设想到，在未来有一天——如果人工合成

（原稿第 5 面）

的前提。相反的，如前所述，仅靠栽培技术而不注意改进植物的本性，没有优良的品种，则其产量和品质的提高也是会受到限制的。唯有将这两种方〔法〕紧密配合起来，才能够不断提高植物的产量、品质和抵抗力，使植物更加符合我们的需要。

育种学——是研究选育新品种的科学，其任务就是创造优良的品种，又可堪称为人工进化的科学。这是一门具有广阔前途和高度艺术的实用科学。——是否可能？

米丘林云：用人力强迫促成任何动植物迅速依人类的意志而变化，乃可能之事。人类在这方面有一广大而最有价值之活动范围。

缪勒云：有机体的遗传基础比一般所想象的远为可塑，我们可以满怀信心的展望，到将来有一天——如果人工合成

014

"转基因技术的例子的章节。

甘蔗细胞生物学早期处于19世纪的化学
化学还没有代替它也好说。——地球表面栽
培而温带及高产的作物，种植和收获都很
方便，结构抵抗各种天气候条件，而地处
美洲，雨水的所有的都可以利用。——

现代人将全球性技术会合体系建成一
个统一而来。在世界这种工作，大气候
是自然历史史带的优良美观而已，可以实现说越来越

良种化育种——是研究如何培育良种，以从良
种上提高良种化的科学。化育，不仅
是大量化现代良种化的科学，而且还是保持
去提高良种的丰产特性和优良品质，从而
在农业生产上的事业。

如果有好的品种而来得及大量推广，这样在
农业生产上在以后几年上就不发生实际效果，
同样，如果品种推广了而表现大变化了，
产量下降低了，那还有什么作用？因此，
良种化育有育种的继续，育种不是良种

———————————————————————————— （原稿第 6 面）

（布尔维克所创造的奇迹，廿世纪的生物学相当于 19 世纪的化
学）化学还没有代替农业的话——地球表面将要布满繁茂高产的
作物，种植和收获都很方便，能够抵抗〔外〕界敌人和气候条
件，而且它们的所有部分都可以利用。用杂交将这些性状任意合
并而造成美满之杂种，如果再加上突变，则变异和适应的道路将
是无穷尽的。而就目前来看，农民所选育的品种，大多都是自然
所恩赐的优良类型而已，即自然界现成的材料。

　　良种繁育学——是研究繁殖良种、巩固良种和提高良种种性
的科学。任务：不但要大量繁殖优良品种的种子，而且还要保持
和提高良种的丰产特性和优良品质，供大面积生产上的需要。

　　如果有好的品种而未经大量推广，这样它对于生产上和国民
经济上就不发生实际效果。同样，如果新品种推广出去很快地便
退化了，品质产量降低了，那还有什么作用？因此，良种繁育是
育种的继续，它能保证育种

工作的成效。也就是说育种学与良种繁育学其有密切的联系，是一门科学的二个有机组成。育种为良种提供条件，又只有计划地繁殖良种良种，才能发挥良种的作用。（种子科学问题详说状）

怎样才能完成上述任务？首先必须研究和了解栽培植物的变异性，以及了解栽培植物遗传性和变异性的规律。从而利用栽培植物的变异，控制其变异方向，使有利于人类的变异直接遗传下去至后代以便利用。（实质少遗，育种学都是从遗传、变异着手上进行的，如果没有变异性及遗传性，就根本~~就没法进行育种~~进行育种）。故遗传学是研究生物体发展、遗传及其变异的科学，它指出研究和控制有机体遗传性及其变异性的途径和方法。因此，~~遗传学是~~育种学遗传学是育种和良种繁育学的理论基础。遗传学的理论可以指导之育种的实践，反过来，遗

（原稿第 7 面）

工作的成效。也就是说育种学与良种繁育学具有密切的联系，是一门科学的二个有机组成部分。当新品种推广后，必须有计划地进行良种繁育，才能发挥良种的作用。（我省种子问题的现状）

怎样才能完成上述任务？首要的是必须研究和了解植物的本性，即要了解植物的遗传性和变异性的规律。从而利用植物的变异，控制其变异方向，使有利于人类的变异通过遗传性在后代巩固起来（实质上选、育品种都是适合在遗传、变异基础上进行的，如果没有变异性及遗传性，就根本无法进行育种）。而遗传学正是研究生物体发展、遗传及其变异的科学，要指出预见和控制有机体遗传性及其变异性的途径和方法。因此，遗传学是育种和良种繁育学的理论基础。遗传学的理论可以指导选、育的实践，反过来，选、育种更强又下以新论、毒育和发扣遗传学。由此可见、遗传育种和良种育具在不可以割的在这种开关系。

这是是一门综合性的科学、是一项细纹复杂的工作，不仅女以遗传学作为论指号，同时还女以栽植、老作了态老味、改种还是其备有植物系、病学、生化、吸子、完承学等方面的丰富知识。当然这不是说一个育种工作者都是成为这些学科的专家，以及可以说成这性这种工作者、决不应当是一个狭隘的专家。他必具有广泛的生物学和良也方面的知识，并至在工作中善于运用现有、关科学的现论和方法。同时，还很善于同有关方面的专家合作，以必使综合这用许多现代的科学成张。这样才能创造出话合需女的优良品种。

其次、育种和良种化育工作毫无也无产上的

（原稿第 8 面）

育的实践，又可以验证、丰富和发展遗传学。由此可见，遗传、育种和良种繁育具有不可分割的有机联系。

　　选、良是一门综合性的科学，是一项细致、复杂的工作，不仅要以遗传学作理论指导，同时还要以植栽、农作学为基础。此外，还要具备有植物学、病学、生化、数学、气象学等方面的基本知识。当然，这不是说一个育种工作者都要成为所有这些学科的专家，但是可以说明现代选种工作者，决不应当是一个狭隘的专家。他应具有广泛的生物学和农业方面的知识，并且在工作中善于应用所有有关科学的理论和方法。同时，还应善于同有关方法的专家合作，以便综合应用许多现代的科学方法和成就。这样才能有效地创造出符合需要的优良品种。

　　§2　育种和良种繁育工作在农业生产上的大意义

大意义.

种子在增产定体的意义上成了……所谓种状定于增体良品种及其他良的种子而言. 这是农业生产最主要资料. 在农业生产上具有巨大的意义:

1. 提高产量——生产实推广良种以提高产量最经济的有效办法. (良种越……就在于同样的肥料水……即能也这着……这是其他措施所不及的). 如……小麦……早稻, 在同样条件下, 单产每公斤可增产30-50斤. 会比化肥万元, 其他增产装由此可见一斑.

苏联十月革命后, 会比谷类作物从每公顷5-6市担增产到12.6市担. 在这个增产数字中, 由于……种状改良而增产的, 占约1/4. 麦……冷凍甲壳米什么……新料已提达90%以上. 单产由15-16公斤/亩, 提高到25-26公斤;

瑞典(资料先进(7…-)台 1886-1906的60多年间, 在改良育种工作上的花费了三品万美元, 而其

（原稿第 9 面）

　　种是农业八字宪法的重要组成部分，所谓种就是指优良品种及其优良的种子而言。这是农业生产上的基本生产资料，在农业上具有巨大的意义：

　　1. 提高产量——选育和推广良种以提高产量是经济的有效办法（其优越性就在于用同样的肥料和人工，却能增产，这是其他措施所不及的）。如推广面积最大的，从前的碧玛一号小麦和现在的南特号早稻，在同样条件下，平均每亩可增产 30～50 斤。全国几千万亩，其增产总数由此可见一斑。

　　苏联十月革命后，全国谷类作物从每公顷 5～6 公担[①]提高到 12.6 担[②]，在这个增产数字中，由于选种的成就而增产的，到占 1/4；美国广泛采用玉米杂交种，播种面积达 90% 以上，单产由 15～16 公担 / 顷，提高到 25～26 公担；瑞典（育种先进国之一）自 1886—1946 的 60 多年间，在植物育种工作上约花费了三百万美元，而其

----

　　① 公担：公制重量单位，现已废止，相当于 100 千克。
　　② 担：市制重量单位，现已废止，相当于 50 千克。

360多倍、

估计条瑞典（纸棉）生产每收益增加了二千万美元，
日本（是产最多的国家之一）～～～～～～～～～～
这些有二个基本方法，即育种和改花肥料。

2. 改进品质 —— 这是最保久的方法，如棉
花，由于它女棉区着在上普及了良种，不仅可比
从来的棉料增产10~20%，且更重要地改变了棉
纤维的品质，50年全世界纤维增长18.22毫米，
58年长度达27毫米以上，即已达85毫米以上。
又土料甘蔗含糖量仅8%左右，即之良料已可
含糖达13%左右，但之其它比这较的产新品
亦同样比加入～～～～～～～～～～～～～～
巧蕾，还有一些特殊剂的针温是我们需要
的品料如无料西瓜，但这棉花可也亦不要
育料讨论。

3. 坛低抵抗力 —— ～～～～～～～～～～～
轻或解受某些自然灾害所造成的损失起
很重要的作用，如小麦情况，抵抗对某品

————————————————————（原稿第 10 面）

结果使瑞典作物生产年收益增加了二千万美元，360 多倍；日本
（水稻单产最高的国家之一）增产经验时总结出只有二个基本方
法，即育种和增施肥料。

2. 改进品质——这是最有效的方法　如棉花，由于主要棉
区基本上普及了良种，不但可比原来的棉种增产 10 ~ 20%，且
显著地提高了棉纤维的品质，1950 年全国平均绒长约 22 毫米，
1958 年长度达 27 毫米以上，即增长 5 毫米以上，又四川土种
甘蔗含糖量仅 8% 左右，而改良种则可高达 13% 左右，因之其
单位面积的含糖量亦因之大大增加。法人 Vilmorin 改良甜菜，
使糖分由 6% 增至 20%。油菜中的胜利油菜亦复如此。此外，
还有一些特别的能满足我们需要的品种如无籽西瓜、有色棉花等
也莫不为育种之功。

3. 增强抵抗力——这对减轻或避免某些自然灾害所造成的
损失起很重要的作用。如小麦锈病，抗卷叶虫之

早熟 + 极晚早

... 有些错果实，如 ... 都是靠 ... 来解决的，即比较可靠 ...

4. ~~结合果~~ 增育期，不同种 作制度和增加发料的需要。生育期的研究 品种的方法美于育料。如早熟选育、靠种 的技术 ... 品种的 ...

... 文本在7月20日 ... 试验，以取以 ... 在9月20日 ... 抽提 ... 料 ... 是的一季 ...

... 放子题 10 ... 因种 ... 下一年 ...

放 ... 一年 ...

5. 打大 ... 上述 ... 熟 ... 与 ... 关 ... 果树（葡萄、梨、桃、杏 ... 800-1000公斤）

（原稿第 11 面）

鸡脚德字棉，南大 2419 之避免锈病、早熟中稻避旱、开颖角
度小、不染散黑穗病等。有些特殊问题，如耐寒性、耐旱性、耐
热、耐酸碱性、耐阴等，主要都是靠品种来解决的，而比较可靠
和经济。

4. 改变生育期，以适合不同耕作制度和增加复种的需要。
解决生育期问题最有效的方法莫过于育种，如早熟性问题，靠栽
培技术很难有明显的效果，而通过育种则能创造出各种长短不同
生育的优良品种。如双季早稻要求在 7 月 20 日前成熟（但早稻
又不能越早越好）。晚稻晚播晚插仍能在 9 月 20 日前抽穗的品
种（早播秧者不能丰产），较早熟而避旱的一季中稻，适合水源
足的山冲田的丰产一晚稻等。主要都靠育种来解决。又如胜利油
菜中的 322 比一般早熟 10 天左右，用移植法可一年进行双季
稻—油菜一年三熟。

5. 扩大栽培面积——这与上述的早熟性和增强抗逆性有
关，如米丘林育出的北方果树（葡萄、梨、桃、李等向北扩展了
800～1000 公里）

西瓜、甜瓜等喜光作物，之下育种，在黄新疆田间培育生长，可口而甜，在北疆近此较园的地方成熟。又如我们东北地区5的地方，由于适宜了越夏地区，单熟的单起几种，并配合抓住临的春秋不同它营它技术，不但栽培获得成功，已成了不少高产区。春麦受到冬春小麦，改变多是小麦的育比，使在西北不但可出种春小麦（我们东北亦然），康藏高原也是育宜点将该地的冬小麦。

我者有差（双钩）改钢后、瘫等上不良水的红坡荒地，适宜育种，培育示，对酸、对盐碱、对甲的育种。再配合更使施肥等措施，步步将繁一，会被到甲来各人民造福。

6. 合乎机械化操作，便于更干劳动。

麦、一成熟一致，茎秆匀又不倒，成将都腕拐。大棵重型学揉，不开裂，培美化好苗。又如苏联美育成的番茄，不需支搭大椭。某切机威育到冬春地区不久间划

——————————————————————————————————————（原稿第 12 面）

西瓜、甜瓜等喜温作物已可直接在莫斯科田间播种生长，马铃薯甚至能在北欧近北极圈的地方成熟。又如我国东北北纬 50 多度的地方，由于选育了抗寒性强、早熟的粳稻品种，并配合相应的育种和其它管理技术，不但栽培水稻成功，且成了水稻高产区。苏联利用春小麦改变为冬小麦的方法，使在西伯利亚可以种冬小麦（我国东北亦然），康藏高原也选育出适合该地的冬小麦。

我省有大片的酸性强、瘠薄且不保水的红壤荒地，通过育种培育出耐酸、耐瘠、耐旱的品种，再配合其他施肥等措施，肯定将来这种红壤一定会被利用来为人民造福。

6. 适合机械化操作和便于管理

稻麦——成熟一致，茎秆坚硬不倒，不易落粒而易脱粒，大豆株型紧凑，不开裂，结荚位高等。又如苏联育成的直立早熟番茄，不需支柱和摘心。美国育成直立短蔓着地后不生细根之世纪以来，但都可以达到引种目的，因此结合引种中心，最好进行一段本地驯化栽培工作。

总之，育种工作是一项富有创造性的工作，在农业生产上有着重要意义和巨大的潜力。但是我们也必须看到，"育种万能"的片面观点是不可取的，任何品种都必须结合良好的栽培条件才能发挥它的优越性，一个育种工作者决不能光凭育种技术就取得最好的成就。

第二节　选择育种学发展简史

§1　农民选育种工作的创始者。

人类在很远古的时候就开始了选种活动。原始人类在野生植物中挑选出有利于食料的植物，就是选种工作的开始。随着人类文化的发展和农业的产生，人类更从野生植物中选择最好最有利的植物进行栽培。这就是农作物种植的最早栽培化和良好品种的选择过程。

―――――――――――――――――――――――――――（原稿第 13 面）

甘薯品种，因而可以不行翻蔓，同时结薯集中，大小深浅一致，便于机械收割等。

总之，育种是一项富有创造性的工作，在农业生产上有着重要的现实意义和对农业的发展有着远大的前景。可是我们切忌不要受到"育种万能"的片面观点，任何优良品种都必须要结合优良的栽培条件才能发挥它的优越性，如不清沟排水和过密，抗锈病品种也会发病。因此，一个育种工作绝不能忽视或轻视栽培，否则他就会毫无成就。

第二节　遗传育种学发展简史

§1　农民是选种工作的创始者

人类在很远古的时候就开始了选种活动，原始人类在野生植物中挑选适于作为食料的植物，就是选种工作的开始。随着人类定居而产生了农业之后，人类更从野生植物中选择最适合需要的植物进行栽培。这就是所谓野生植物逐渐栽培化和原始形态的选择阶段。

此后，由于住所周围的土壤较肥沃，再加上松土、除草等劳动，植物不仅产量提高了，而且还因环境条件的改变引起了变种样的变异，并且当时的人们并已认识到，生物有类生类的遗传现象，因此就在它所发生这些变异的个体中，挑选更合乎需要的丰产、质优的个体留种。~~这样，我们在生产发生长~~期这便是人类在农业生产中长期应用的选种方法。即所谓无意识的选择。这种选种工作是无计划的，仅凭肉眼可以鉴别的特征进行选择。虽然这种选择的作用是很缓慢的、微小的，但是由于广大农民长期选择的结果，因而创造了无数的优良品种。现代我们种植的绝大多数农作物品种都是这样选育出来的。因此，农业选种工作是现代选种工作的先驱，广大的农民是选种工作的创始者。

§2 达尔文学说奠定了选种的科学基础。

（原稿第 14 面）

此后，由于在住所周围的土壤较肥沃，再加上松土、除草等管理，植物不仅产量提高了，而且还因环境条件的改变引起了多种多样的变异，并且当时的人们早已认识到，生物有类生类的遗传现象，因此就有意无意的在这些变异的个体中，挑选更合符需要的丰产、质优的个体品种。这便是人类在农业生产中长期应用的选种方法。即所谓无意识的选择阶段。这种选种工作是无计划的，仅凭官能可以鉴别的特征进行汰劣选优。虽然这种选择的作用是很缓慢的、微小的，但由于广大农民长期选择的结果，因而创造了无数的优良品种。现代我们种植的绝大多数农家品种都是这样选育出来的。因此，原始选种工作是现代选种工作的起源，广大的农民是选种工作的创始者。

　　§2　达尔文学说奠定了选种的科学基础

　　达尔文是十九世纪英国伟大的（自然）科学家．达尔文学说（进化论）是十九世纪以来（自然）科学中最伟大的成就之一．实则进化论是恩格斯称为是十九世纪的三大发现之一．在他的一本最伟大的经典著作"物种起源"里，不仅科学地阐述了生物的进化规律，同时也尖刻科学地了生物进化史．他用大批~~科学~~的了真实了指出了，生物是由低级到高级、由简单到复杂、逐渐变化、逐渐发展、进化而来的。

　　达尔文学说的本质（核心）是他的（自然）选择和人工选择理论．也就是：生物的进化有三个因素：即变异性、遗传性和（自然）选择。

　　没有变异性当然不能有进化，因为如果生物世世代代都保持不变，怎能有进化呢？正是因为有变异性，所以当环境条件改变时，生物得以改变它的特性特性。除了变异而没有遗传，也不能进化，因为如果变异只像昙花一说，只发生于当代却不能传递到后代，

（原稿第 15 面）

　　达尔文是十九世纪英国伟大的自然科学家，达尔〔文〕学说（进化论）是十九世纪以来自然科学中最伟大的成就之一。他的进化论是恩格斯称为是十九世纪的三大发现之一。在他的一本最伟大的经典著作《物种起源》里，不仅科学地阐明了生物的进化规律，同时也为育种奠定了科学原理。他用无数的事实肯定指出了生物是由低级到高级、由简单到复杂、逐渐变化、逐渐发展、进化而来的。

　　达尔文学说的核心部分是他的自然选择和人工选择理论，要点是：生物的进化有三个因素，即变异性、遗传性和自然选择。

　　没有变异性，当然不能有进化，因为如果生物世世代代都保持不变，怎能有进化呢？正是因为有变异性，所以当环境条件改变时，生物得以改变自己的特征特性。有了变异而没有遗传，也不能进化，因为如果变异只好像昙花一现，只发生于当代而不能传递到后代，自然不能有进化。来说，这主要靠自然选择，那些对于生物生存有利的变异，便被固定下来，而那些不利的变异便渐以消失、进化或是促进了。因此，变异是一种世取代作用；遗传是一种保守化作用；而自然选择是一种导引化的作用，它控制作进化的速度和方向。好象指南针引着一条船在海洋里朝一定的方向进行一样。所以，变异、遗传和自然选择是生物进化的三个要素，也是人工改造动物界的因素（有如人工选择）。

由于达尔文学说的影响，十九世纪中末叶以来，使得动物科学得到了壮大的发展，达尔文的党专议口实实说了许多有价的科学研究成果。此后，凡是达尔文改造者并且在其他各阶时代的美口动物学家生对这方面动作中的很大成就，都是以达尔文这学说理论为基础。

此即由于当时的达纷学与科学水平发

———————————————————————————————（原稿第 16 面）

当然不能有进化。末后，通过自然选择，那些对生物生存有利的变异，便被固定下来，而那些不利的变异便渐渐消失、退化或被淘汰。因此，变异是一种进取性作用；遗传是一种保守性作用；而自然选择是一种导引性的作用，它控制作进化的途径和方向，好像指南针引着一条船在海洋里朝一定方向进行一样。所以，变异、遗传和自然选择是生物进化的三因素，也是人工创造新品种的要素（再加人工选择）。

由于达尔文学说的影响，十九世纪中、末叶，欧洲作物育种事业得到广泛发展，即有意识的选择和人工创造的类型的阶段。许多先进的资本主义国家出现了许多专门的种子公司和育种机关。此后，伟大的自然改造者米丘林和同时代的美国育种家布尔班克在育种工作中的伟大成就，都是以达尔文学说为其理论指导的。

然而由于当时的社会背景和科学水平等条

体的限制，走上我学说中仍存在着许多还未弄清的问题。最主要的错误，是他忽视了米丘林技术是当时的道尔顿阶级学者需在土位"生物学斗争说"和身示随所谓的"人心善之和谐论"。随之也认为生物此进斗剩部门他的科山斗争是进化的动力。——还斯被以及唯物主义者所反对，科技蒙该等用事作为讨论根据。

§3 米查李长试 达尔文学派对遗传育科的研究. 1822-84

1、达尔文的遗传因子学说

"…"是说代经典遗传学的革新. 1866年发表他的研究信华"植物什么的研究"为近代颗粒遗传论奠定了科学基础。他提示遗传学中的三大定律，认为遗传特状在细胞中所究的物质基础，在一般细胞中每个遗传因子成对存在，在性细胞中则成单存在。如，红花、亲缘x白花等妹谈了的后董子了氢己的子斗比例。他读了的发谈

（原稿第 17 面）

件的限制，在达尔文学说中却存在着错误和局限性。最主要的错误，是他无批判地接受了当时的资产阶级学者霍布士的"万物互斗说"和马尔萨斯的"人口过剩论"——通过战争，世界人口才能保持平衡。错误地认为生物繁殖过剩而引起的种内斗争是进化的动力。——这就被以后帝国主义者利用来作为侵略、种族歧视等的理论根据。

§3　孟德尔学派对遗传育种的研究　1822—1884

1. 孟德尔的遗传因子学说

孟德尔是现代经典遗传学的鼻祖，1866 年发表他的研究结果"植物杂交的研究"为近代颗粒遗传理论奠定了科学基础。他提出遗传学中的三大定律，认为遗传性状在细胞中有它的物质基础，在一般细胞中每个遗传因子成对存在，在性细胞中则成单存在。如红花 × 白花豌豆的 F_2 为高 3 短 1 的 3：1 比例。但是孟的发现

在当时并没有引起人的重视，直到他死后16年即19
年才同时被三位学者各自发现此事论文，并正
式认识这一科学分类传学。

1834-1914

2. 魏生曼的"种质论"

" "是魏生的医生、大学教学，提倡
种质论。否认有机体在外界条件影响下的变
异或后天获得的性能遗传。他认为多细胞生
物由种质和体质两部分构成。种质存在于生殖
细胞（精、卵）的核中 <u>他更执着性状</u>，在一代
的种质和体质都是由前一代的种质产生的形
成，下一代的<del>种状</del>性状，决定于前一代种质的性状
体质也源于种质，体质不时产生种质，实际
是供给种质的营养而已。在这不过影响下，体
质的<del>发生变异</del>，产生性状性状，但这种新性状特
随着中体质的消亡而消失，不能传给种质，因而也
不能传给后代。简单说法，即种质说处主持
大发生体细胞的种质影响，间接不受环境的影响
所以体质所获得的性状是处不能遗传。

（原稿第 18 面）

在当时并没有引起重视，直到他死后 16 年即 1900 年才同时被三位学者发现和证实，并正式提议这门科学为遗传学。

2. 魏斯曼的"种质论"1834—1914

魏斯曼是德国的医生、大学教学，提倡种质论，否认有机体在生活条件影响下的变异或后天获得性能遗传。他认为多细胞生物由种质和体质两部分构成。种质存在于生殖细胞（精、卵）的核中（他负载着性状、后一代的种质和体质都是由前一代的种质产生的），所以后一代的性状，决定于前一代种质的性状。体质起源于种质，体质不能产生种质，它只是供给种质的营养而已。在环境影响下，体质能发生变异，产生新性状，但这种新性状将随着体质死亡而消灭，不能传给种质，因此也不能传给后代。简单点说，即种质既然直接不受身体细胞的影响，间接不受环境的影响，所以体质所获得的性状当然不能遗传。

后来证明，这种对对应关系是错误的。（产生于机械
不遗传变化，同时在基因并一级不存在。
　　　　1848-1935 荷兰人
　3、第佛里斯的突变学说
　　　于1901年发表"……"，认为　　　　　　　
时　　　　　　　　　。新种的产生，是由于某些
个体突然发生变异，这种变异称为突变。但这
类变异　不是由于生活条件的影响，而是由于
　　　　　　其基因座位上　等位基因内部的
排或成分的改变。个　及基因座位找立，由于
变异方向是不可预知的。（如樱草南瓜等）
　进化乃由于突变，以产生那种个体与其中有别
的突变个体。

　4、约翰生的纯系学说（丹麦 1859-1927）
于1903发表纯系。根据菜豆种子大小的测
量实验。认为　　纯系（纯种纯品产生
的后代）内各个体的遗传基础完全相同，不同环
境下种的即发生变异，但都不是真变异内各个体
之实遗传词。此说已成为近代遗传育种之基础。

———————————————————（原稿第 19 面）

后来证明，这种对种质和体质的划分过于机械和绝对化，同时在植物界一般并不存在。

3. 第弗里斯的突变学说　1848—1935 荷兰人

于 1901 年发表突变学说，认为新种的产生是由于某些个体突然发生与亲本有很大不同的变异，这种变异能永久遗传。但其变异不是由于生活条件的影响，而是由于染色体内部结构或数量的改变，但其原因尚未找出，因此其变异方向是不可控制和预知的（如矮脚南特号）。生物进化动力乃由于突变，自然选择则保留其中有利的突变个体。

4. 约翰生的纯系学说（丹麦，1859—1927）

于 1903 年发表此说。根据菜豆种子大小的分离选择试验，认为纯系（纯种自交而产生的后代）内各个体的遗传性完全相同，不因环境影响而发生变异，因而得出在纯系内选择无效之结论。此说已成为近代选择育种之基础。

5. 摩尔根的染色体学说（美国教授、诺贝尔奖金获得者 1866—1946）—— 是基因的论定。根据他又对果蝇遗传性的研究，证明染色体在它上面直线排列的基因是遗传的�物质基础。每一个基因制约着生物体的一个性状，如大小、颜色等。只有当染色体上基因发生改变的差异时才能遗传。普通的生理变化只能产生当代的变化而不能改变基因。

以后，由于科学技术的进步，遗传学的理论有了进一步的发展。1927年特勒应用X线诱发诱导果蝇突变成功，证实了人工可以更利地加速诱导遗传变异的育种途径。30年代以后更着重于基因的功能、化学特性、分子结构等方面的研究。逐步建立了生化遗传学、放射遗传学等新的分枝。现在已走到了所谓的分子水平阶段，主要表现在病毒等低等生物科的新用，有的作为寄生的新用以及某某广泛普及的大量应用。

（原稿第 20 面）

5. 摩尔根的染色体学说（美国教授、诺贝尔奖金获得者 1866—1946）——是孟派的主流。根据他对果蝇遗传性的研究，证明染色体和在它上面呈直线排列的基因是遗传的主要物质基础。每一个基因制约着生物体的一个性状，如大小、颜色等。唯有染色体和基因发生改变后所引起的变异才能遗传。普通的生活条件只能影响体躯，但不能改变基因。

此后，由于科学技术的进步，遗传学的研究有了蓬勃的发展。1927 年穆勒等用 X 射线诱导基因突变成功，开辟了人工利用激素物质创造变异的育种途径。30 年代以后更着重于基因的功能、化学特性、分子结构等方面的研究，建立起了生化遗传学、放射遗传学等新的分支。现在已达到所谓的分子水平。在实践上，有如玉米、家蚕等杂交种的利用、雄性不孕的利用以及突变高产青霉素的品系等等。

§4 摩尔根学派对遗传育种~~学~~的发展。

在本世纪三十年代里遗传学中又发展了另一个学派，它是以化学的角度来改造摩尔根的。摩尔根一生中曾创立300多个实验材料对于科学的贡献很重大，改变和丰富，揭示了不同的遗传规律。

他以这些实验结果，使批判也接受了达尔文学说，提高其中遗传的地位，从进而发展了~~生物化物~~的生化观，～～通过基因这些实质是在解释基因，而摩尔根是从一步一步地（也一步地）去他也控制自然的例子。这是~~改变成~～一种科学自然生理的思想的科学，即摩尔根这是一种向自然争夺思想的科学。——从唯物化的老朽主义。

~~各环境系统～～～～～～～～从～～～它以科学现代也物这作指导去态，以它再研究～～于应该那结合在立发展，探索生物体作为以科学即作体系统一的各方式实，说明摩尔根学态工作中最重的本质，要以该揭持切干。

1. 摩尔根在遗传育种工作中最辉煌成就

（原稿第 21 面）

§4　米丘林学派对遗传育种学的发展

在本世纪①三十年代里遗传学中又发展了另一个学派，它是以伟大的自然改造者米丘林命名的。米丘林一生中曾创造出300 多个果树新品种，并以自己的精心观察和研究，提出了不同的遗传理论。他以达尔文主义为基础，但却批判地接受了达尔文学说，摒弃其中错误的部分，承继和发展了正确的唯物的核心。把它提高到更高的阶段，达尔文学说只是在解释世界，而米丘林学说则是进一步有计划地、有创造性地控制自然的科学。达尔文主义是一门等待自然选择的恩赐的科学，而米丘林学说是一门向自然界夺取恩赐的科学——创造性的达尔文主义。现将米丘林工作中最重的几条贡献概括如下：

1. 米丘林在遗传育种工作中的辉煌成就

① 此处指 20 世纪。

米丘林育种自己～1960年的科学工作划分为三个阶段：

①驯化阶段——初期他结合某些知识，使主接驯化这一结论，体认了遗传传学化，而达尔文协计北物对环境的适应性亦变异能力，他以为把南方果树技主驯植到北方的或抚养生长点未上，即可将其主植驯化为抗寒之计划，但经过了许多年试验证明是不可能的，结果他发现了抚养一个主要的原因，就是遗传性学性陷年的不同，如果用科主种科主栽培变生的方法，在主任的环境下因为增加北物的遗传性抗性。

②大学种群阶段——这是米丘林主工作重要由以主义生遗到主主主义的阶段。他改是使北主技接编科科主大量栽培，以为再进行增动荐，借养这种方法米丘林获得了一许多东，但是它去兼多年生，以以以北主果北物抗性做得到一定保主主种，萝萝诺越的教育推动主。米丘林主一阶段中主决决到北物主养

（原稿第 22 面）

米丘林曾把自己一生 60 年的科学工作划分为三个阶段。

①风土驯化阶段——初期无经验，缺乏知识，从拉马克的观点，到直接驯化理论，低估了遗传保守性，而过高地估计植物对环境地适应性和变异能力。错误地认为把南方果树枝条嫁接在北方的或抗寒野生砧木上，即可将其直接驯化为抗寒品种。但是十几年的事实证明其不可能，结果他失败中找到一个宝贵的原理，就是遗传保守性随年龄而不同，如果用种子播种培育实生苗的方法，才能适应新环境，因为幼龄植物的保守性不强。

②大量选种阶段——这是米丘林工作方法上由拉马克主义过渡到达尔文主义的阶段，他收集各地果树品种种子，大量播种，以后再进行选择幼苗，借着这种方法，米丘林获得了一定的成果，但是要在若干年里，从几千、几万株植物才能得到 1~2 个优良品种，靠着偶然的机会还相当大。米丘林在这一阶段中又认识到植物在遗传

……其他……发育……个性发育的双亲性状于根。而两种……种性，将这种个性故归为一眼一种性状。

③ 什么育种阶段 —— 第二次眼找种选择……性状于根，先……也……采用什么方法……动态，找种系统发育的个性状。……是达尔文……没有的一般育种定一年只停留在什么这个阶段上。他认为什么只是……育种工作的第一步……而已，更重要的是还在对材料进行……选择者……有的……育……种……严……的选择。所以，什么、培育和选择是达尔文种……十……的……个……方法。

达尔文采用了这一系列的……选育方法，达尔文……创造了人类史上无前例的丰功伟绩，在35年的育种生涯中，先后育成了300多个优良品……种，把……果……方法……又使……种……的水准……提高了14%……以上。同时，他还指出了……种……的……性变异……，创立了……系统……选育……归纳如下。

（原稿第 23 面）

性上具有系统发育和个体发育的双重保守性。而用种子播种、选择幼苗仅能克服一种保守性。

③杂交育种阶段——为了克服植物遗传的双重保守性，米丘林进一步采用杂交方法，以动摇植物系统发育的保守性。但是米丘林并没有向〔像〕一般育种家一样只停留在杂交这个阶段上。他认为杂交只是创造新品种工作的第一步而已，更重要的是还应对杂种进行有意识、有目的培育（定向培育）和严密的选择。所以，杂交、培育和选择是米丘林科学工作中的三个基本方法。

正是采用了这一正确的观点和方法，米丘林创造了人类史无前例的丰功伟迹，在 1935 年即 80 岁逝世的那年，先后育出了 300 多个优良品种，把苏联南方果树和其他植物向北推进了 1 千公里以上。同时，他还揭发了植物的遗传变异规律，留下了丰富的理论遗产。归纳如下：

a、研究定什么的种子及生。在44什么、不易
生特性转性病菌、机械的重新作合，什么言
新又及造传传字化，获得具有选传44动损的可
然后再进到它的适育，同时处选充吸到条什么
生化的方法，获得诸生这条什种。

b、研究定、它向培育我物种的论语和方化，
明相论变生传要件主种好方性，能它向新式
环需充的特化转化。

c、点是生44什种学说——元比当布比什种。生
则上免逐争了，已开陸了育科育化的一个纤重要

d、整充个体发育与系统发育之间的苏机
毛记度了在天新话此地可以意情这一毛生44种学

②、李森科对选传育种工作的贡献。
米丘林的工作，由李森科特大更进一步发展
① 例主7我物阶段发育进选。不仅
控制我物生长发育的功过蒸，而此进七
改造我物专化的科子去建。

② 点主等我发化的选传性与变异44

（原稿第 24 面）

a. 研究出杂交的科学原理。有性杂交不是双亲特征特性简单、机械的重新组合、杂交，首先打破遗传保守性、获得具有遗传性动摇的可能，然后再进行定向培育。同时，他还研究出克服远缘杂交不孕性的方法，获得许多远缘杂种。

b. 研究出定向培育植物的理论和方法，说明用改变生活条件和栽培方法，能定向形成所需要的特征特性。

c. 建立无性杂交学说——无性与有性杂交在原则上无区别，即开辟了育种方法的一个新途径。

d. 指出个体发育与系统发育之间的有机联系，且证实了后天获得性可以遗传这一重要生物学原理。

2. 李森科对遗传良种工作的贡献

米丘林的工作，李森科将其更进一步发展。

①创立了植物阶段发育学说，不仅是控制植物生长发育的有力武器，而且是定向改造植物本性的科学基础。

②建立了较完整的遗传性与变异性

讨论。把某生物的经济状况培善运的根空系作的 主要的

③ 发展了达尔文关于自然选择的学说，阐述了 的结晶体的
达尔文关于选择主导与种内斗争差进化动力的错
误观念。阐述用人工代替了自然选择，并把种
与种的形成引进到更高阶段。

④ 在上述理论基础上，提出一系列的农
业技术措施，如春化代、京0苗夏播、环枝栽
技、密植轮作等、人工辅助授粉、镜插伏及
石楔插枝等、这些措施在苏联农业生产
上起了很大的增产和指导作用。

第三节 我国的资料技术科化育工作

§1 我国劳动人民生选种工作上的成状

我国素以农立国、早在4千多年前 我有了相当发
达的农业。帝生地区之间，依耕种美和品种都技
某高。农民总农业生产经验和生选种经验也是很
宝贵丰富的。吴诗经、牙秘、禹贡书古书中就有
关于作物品种的记载。汉代以后，有关农业和选

———————————————————（原稿第 25 面）

理论，把米丘林的经验概括并总结提高完整的理论。

③发展了达尔文关于自然选择的学说，用事实有力的清除了达尔文关于繁殖过剩与种内斗争是进化动力的错误观点。用存留性代替了繁殖过剩。并把种与种的形成学说提高到更高阶段。

④在上述理论基础上，提出一系列的农业技术措施，如春化法、马铃薯夏播、棉花整枝、品种内杂交、人工辅助授粉、蔟播法及留桩播种等，这些措施在苏联农业生产上起了很大的增产和指导作用。

第三节　我国的育种和良种繁育工作

§1　我国劳动人民在选种工作上的成就

我国素以农立国，早在 4 千多年前就有了相当发达的农业，而且地区辽阔、作物种类和品种都极其丰富。不仅是农业生产经验而且选种经验也是很宝贵而丰富的。早在《诗经》《尔雅》《禹贡》等古书中就有关于作物品种的记载。汉代以后，有关农业《尔雅》和选

料工作以的记载更多。尤其是贾思勰《齐
民要术》肯定了选料在生产上的重要性。即
把主要作物栽培品种性状分门分类，如早熟、
晚熟、耐肥、耐旱、避虫等。并指示应根据品种
特性、在不同天时、土质和地势条件下进
行栽培。这代"记些之书"更以强调
不断选择可以加速和扩固有利的变异
特点。较之更是有收集之书。

_{古代劳动人民在长期实践中认识到种的变异的普遍性，从而在生产实践中掌控}
种_{以适应生产需要}不仅有着口的作物和作物之料，都是在
长期从口料中选择之结果的，如玉米、红薯、喜、
西瓜等，进引进土栽培。经过劳动人民的长
育和选择，也以造了许多生种以的优良之料。
在利用变异和育变上，也有很多丰富的经
验以上文字在"那种优性"中，就可以看出
古代人民的生料成就。

红薯在新我口料工作的挖定记

我口有引种的生料工作，是在廿世纪七十
时世纪开始苗萃，抓好了种料工作的发展。

（原稿第 26 面）

种工作的记载更多，尤其是后魏贾思勰（六世纪）更明确提到选种在增产中的重要性。而且曾把主要作物根据其特性进行分类，如早熟、抗旱、耐涝、避雀等等，并且指出应根据不同特性，在不同天时、土质和地势等条件下进行合理的栽培。汉代《氾胜之书》更明确指出不断选择可以加强和巩固有利的变异。而株选、穗选更是有效途径。

由于劳动人民在长期实践中认识生物界遗传变异的普遍性，从而总结出不少选种原理和方法，不但创造了无数的作物和优良品种，而且也曾从国外引进许多作物，如玉米、红薯、马铃薯、西瓜等，进行风土驯化，经过劳动人民的长期培育和选择，也创造了许多适应本国的优良品种。此外，在利用嫁接和芽变上，也有很多丰富的经验，所以达尔文在"物种原始"中，就曾提到我国古代人民的选种成就。

§2　解放前我国育种工作的概况

我国有计划的选种工作，是在廿纪初叶时工业开始萌芽，推动了育种工作的发展。

年从事棉籽脱绒及棉商户，由于开办纺织厂，志到必须以改良棉籽一事，因卯至北京，到以后的对设立棉籽场，进行辞在这事工作，这是我以进引种了育种的开端。1931年以后，先后设立了中央农业实验所，全国稻麦改进所，中央棉产改进处对育种之研机关，同时各地也先后成立了农业改进场及农业试验场，育种工作逐渐扩大。在小麦、小麦、棉花玉米，大豆等主要作物方面，利用引种、选择、纯系育种方法就选出一些优良品种，如当时水稻的中农4号，南特号，万利籼，小麦的2419，蚂蚱麦，中大28，棉花的华绒字棉，脱字棉，斯字棉等等品种，并在各地区域试验，发生了推广地区。但是，由于反动政府不重视生产工作，对于育种见似更为漠视，育种机构的经费不足，设备简陋，以至研究工作缺人员缺少，不能完全展开。只育品种，好坏报告，却不愿应造不管推广。因卯优良品种不多，育成的品种也不能大量繁殖推广（如2419，到解放时，才不过100万公斤）

（原稿第 27 面）

〔1914〕年，北洋军阀的农商部，由于要开办纱厂，感到必须从改良棉种入手，因而在北京、武汉等四处设立棉种场，进行棉花选育工作，这是我国进行科学育种的开端。1931 年以后，先后设立了中央农业实验所、全国稻麦改进所、中央棉种改进处等科研机关，同时各地也先后创办了农业院校及农业试验场，选种工作逐渐扩大。在水稻、小麦、棉花、玉米、大豆等主要作物方面，利用引种、选择、杂交等方法获得一些优良品种。如水稻的胜利籼、南特号、万利籼，小麦的 2419、矮立多、中农 28，棉花的德字棉、脱字棉、鸡脚德字棉等，并且也经过区域试验，肯定了推广地区。但是，由于反动政府不重视生产工作，对于育种则更为漠视，育种机构的经费不足，设备简陋，从事研究工作的人员很少，而且完全是以孟、摩理论为指导，只重育种，忽视栽培，只顾创造、不管推广和繁育。因而优良品种不多，育成的良种也不能大面积推广（如 2419，到解放时尚不足 100 万亩）。

也有的走封闭产值。越来越发生退化现象，从而对生产所发挥的增产作用不大。等等，这了生产上，广大农村中的良种良资质，刘无人问津。

53 解放后我区育种工作的但大成就。

由于中国共产党和政府在农业生产中对良种一直十分重视。是为省颁布了各种育种政策，第一是组织研究会，并制定了各项方案重点施力法。严密种研种良种繁殖工作，从以至于下达农村，使取得了显著巨大的成就，并妙后级如下：

1. 良种栽培品种迅速的扩大 ——1949年至广区就只有14多万亩，仅占播种面积 0.5%。到至12122千万亩，占播种面积 51.8%。59年上至 6.80%。稻、麦、棉、苏黄作物良种已在基本的智培育。玉米种 2419，甜菜15号，以种种味都在——4公以上。为了显要的增产作用。

2. 大力推广农科育种技术良种技术。

（原稿第 28 面）

也有的在推广后，很快便发生退化现象，如斯字 4 号仅十几万亩到解放已成退化棉，以致良种在生产上所起的增产作用不大。此外，还由于重洋轻土，广大农村中的丰富品种资源，则几乎无人问津。

§3　解放后我国育种工作的伟大成就

自新中国新成立起，党和政府在农业生产中对良种工作一直十分重视。先后曾颁布了各种方针、政策，召开一系列的专业会和制定了各项方案和实施办法，大力开展了群众性的育种和良种普及工作，所以在短短的十几年内，便取得了辉煌的成就，兹归纳如下：

1. 良种栽培面积迅速的扩大——1949 年良种推广面积只有 1 千多万亩，仅占播种面积 0.5%，到 1957 年达 12 亿 2 千多万亩，占播种面积 51.8%，1959 年达 18 亿亩，80%。稻、麦、棉、薯类作物良种已基本普及，如南特号、胜利籼、2419、岱字 15 号、胜利油菜等，面积都在千万亩以上，起了显著的增产作用。

2. 大力开展育种及农家品种整理工作

§3 纯系学说

为了进一步深入掌握选择究竟在良种选育中作用，丹麦学者约翰生（豆疗名版法的豆匠）专专对比地研究了菜豆种子重量的选择试验，进而创立了一个纯系统的纯系学说。其选择试验的材料与判定：

① 开始从一个混杂的发定群体品种出发，选择一些种子重量不同的抚样。作剂后逐比较大，结果从重种子抚样所得的后代比从轻种子抚样所得的后代，一般具有较重的种子。

② 由此由6个（高至19个重量不同）的且每份各自后代（即纯系）也匀有一定的平均种子重量，这种差异都能遗传。

③ 每一系统内不同抚样的种子粒重应无差异。

为了进一步研究在纯系内选择是否有效。又在每系内选择发重与发轻的两类种子。作剂1杯种收获时连续从大粒小区选择大粒，小粒小区选小粒。如此连续作了6代，结果二线小区种（即二种平均值的）子的平均重量无差异。

（原稿第 29 面）

§3　纯系学说

为了进一步深入探明选择究竟有没有创造性作用，丹麦学者约翰生（孟、摩学派的巨匠）在本世纪初连续若干年研究了菜豆种子重量的选择试验，从而创立了一个很有名的纯系学说。其选择试验的材料和方法是：

①开始从一个混杂的农家群体品种出发，选择一些种子重量不同的植株，分别留种比较。结果从重种子植株所得的后代比从轻种子植株所得的后代，一般具有较重的种子。

②由此分离出 19 个种子重量不同的系统（即纯系），各系后代均有一定的平均种子重量，这种差异都能遗传。

③每一系统内不同植株的种子轻重还有差异。为了进一步研究在纯系内选择是否有效，又在每系内选择最重与最轻的两类种子，分别播种，收获时继续从大粒小区选择大粒，小粒小区选择小粒，如此连续作了 6 代，结果二组小区（即二种亲本后代的）种子的平均重量无差异。

试验六 一个家族（第19号）的选择结果如下：

收获年份	选择时种子粒重大于35克		未代种子的平均粒重	
	植株数	全株数	植株数	全株数
1902	30	40	36	35
1903	25	42	40	41
1904	31	43	31	33
1905	27	39	38	39
1906	30	46	38	40
1907	24	47	37	37

（单位 1/100克）

三、试验说明：

1. 选择并不能创造变异，只对已经有的变异发生作用。

2. 在遗传素质相大的植株体内进行选择可以改变品种下代的性状。

3. 在同一纯系内选择是无效的，因为每代的遗传素质都相同。（选择在变异体上仍然对 ○○ 性状……群 ……向扩大、但……不能改变大遗传性。）

§4 本章其余内容对选择学说的批判

1. 我接受以前有（ ）之后利用大量各个年内材料个体并发生变异。

2. 一个小环境对在相同条件下，定会产生子实……

（原稿第 30 面）

现列出一个系统（第 19 系）的选择结果如下：

收获年份	选择的亲本种子平均重		后代种子的平均重	
	轻种子	重种子	轻种子	重种子
1902	30	40	36	35
1903	25	42	40	41
1904	31	43	31	33
1905	27	39	38	39
1906	30	46	38	40
1907	24	47	37	37

（单位 1/100 克）

这个试验说明：

1. 选择并不能创造变异，只对已经存的变异发生作用。

2. 在遗传差异很大的群体内进行选择可以改变群体下代的性状。

3. 在同一纯系内选择是无效的，因为纯系各个个体和每代的遗传基础相同。

4. 环境条件虽然对性状的影响很大，但不能改变其遗传性。

§4　米丘林学派对纯系学说的批判

1. 植株数量少（　　）只有利用大量个体时才易于发现变异。

2. 二个小区都处在相同的条件下，完全忽视了培

而亲体。如果对某些杂种优…？？？(或大粒组培)
条体，另一些杂种地[排及]，那么结果多少会有不同
问。而实际上，一行电子之科，把科布各个地区，信
养校的点状，仍然和早上老世技未尝中各不排同，
故其差信并少些会发生次变。

3. 对大小杂科多的选择，还是多不在内陷林地
内集些杂株行产生的科多生五地。但是又有对
诸亲生又机或小杂科多细挑并择棵些择时，才是
以较低耗之的。

青苦，认皆东也子中生择先这，一定把着保读又艺
良状多选科，各科计音工作。忘记培育和从选动
似造林公科工作。因而别成做，又更上学体年的选
信性信不定全排同，同时在科许基山认这遇引向
下会发电又大大的变年。如果信遗对先也亲承遇音
以计定多可诱育亲又较的之科。如审多等选学
多二科，因爱不同诱这她们向，七云现另别
找某批，美选择长信丰不一小科之科。如信林考
信麦化24年。连州市参李考，考择修参梦。

（原稿第 31 面）

育条件，如果对某些植株给以能形成大粒的培育条件，另一些植株则相反，那么结果必然会有所不同。而实际上，一个"纯系"品种，播种在各个地区，占着极〔小〕的面积，自然条件和农业技术条件各不相同，故其遗传性必然会发生改变。

3. 对大小粒种子的选择，是在各小区内随机地由某些植株所产生的种子选出的。但是只有对能产生大粒或小粒种子的植单株进选择时，才是比较有效的。

毒害: 认为在纯系中选择无效，一贯抱着保纯观点从事选种、良种繁育工作，忽视培育和从纯种创造新品种工作，因而劳多成微。事实上各个体的遗传性绝不完全相同，同时在多种多样的环境影响下会发生更多更大的变异。如果注意对其培育和选择，从中完全可能育出更好的品种，如南特号是单系品种，因受不同环境的影响，已出现了许多新类型，并从中选择和培育出不少新品种，如陆才〔财〕号、江南 1224、矮脚南特号、南特16 号等。

第二讲　育种讲稿：孟、摩学派遗传学

生长优势　　P.29-57

　　生长优势，即下，对整体以至或者对较好的章节生长势的调节。

　　生长优势不论是然性或非然性作物均有之。即以天然性论，作物较之天然生作物的生长及抗逆而减低。

　　Ashby（1930-33）等引玉米及番茄为生长调节，以向生长较差其体较差即大之根，于后生生长调期，幼苗之生长稍好些些。可知生长优势不是表记于下，以生生，即在青年时生之生长生长较低，之有补偿。

　　生长优势与限在生长势意思，实○－即二－即一－之比表。根言之，章绿不同之二生长生，生长等较低低会；然低之，又非低减退。这生之然生之后续。其它生长亦为一生长。其后生长优势，限在生长势减退减退。即由于生长优势表实。天然性作物之生长为低调，不具生长故低先生生长减退减退。

（原稿第 1 面）

杂种优势

杂种优势，即 F_1 对亲本的平均或者对较好的亲本在生长势的增强。

杂种优势不论天然自交或异交之作物有之，而以天然自交之作物物及天然异交作物的近亲繁殖系最强。

Ashby（1930—1933）举行玉米及番茄等杂交试验，谓杂交种子常具有较重而大之胚，于是在生长初期，幼苗之生长特别强健。可知杂种优势不特表现于 F_1 植株，即在当年母本上的杂交种子胚胎，已有影响。

杂种优势与自交后生长势衰退，实一而二、二而一之现象。概言之，亲缘不同之二品种杂交后，杂种常特别健全；然自交后，又骤然减退。通常天然异交作物，其本身恒为一杂种，具备杂种优势，自交后生长势骤然减退，即由于降低了它们的异种性，故杂种优势丧失。天然自交作物本身恒为纯种，不具优势，故自交无生长势减退之现象。

八、超显因子法 (Shull, G.H.5)

根据统计方法，当超显因子增多时，生物体
即发生一种刺激作用，使生长势增加，其主要
结论如下：

1. 天然异交作物如近亲繁殖时，由于生长势的减
与天然的自交繁殖比较，生长势衰减，其衰减
比率，均由于超显因子的作用。

2. 因子处于超显状态时，对于生物的生长有利
作用，超显的程度越大，则生长势的增加越
称为超显刺激 (stimulus of Heterozygosis)

3. 近亲配种，在异交繁殖之生物，不论同近亲
在，可使因子超显减少（高度的同质结合，致使
生长势减退），如近亲繁殖之作物，则因近亲
超显结合之故也。

这种解释（主要讨论的是生理学说实与数势间
的相互关系，对于同因子未解释过），固亦有待于
致说刺激作用以使生长繁盛以及，因为尚未达
到作入深度解释。

（原稿第 2 面）

一、异质因子说（Shull，G.H 等）

植物经杂交后，由于异质因子的结合，生理上即发生一种刺激作用，使生长势增加，此等之结论如下：

1. 天然异交作物近亲繁殖后，生长势的减退与天然自交作物杂交后，生长势增强，实为同一现象，均由于异质因子的作用。

2. 因子在异质状态时，对植物的生长有刺激作用，异质的程度越大，则生长势的增加越大，称之为异质刺激（Stimulus of Heterozy Gosis）。

3. 近亲繁殖本身并无害于植物。不过因近亲繁殖后，可使因子异质结合分离而为同质结合，故能使生长势减退；而远亲繁殖之有利，即因增加了异质结合之故也。

这种解释（李森科的生活力学说实与此雷同，他以内部矛盾，而不用因子来解释而已），固亦近情理，然所谓刺激作用的生理性质究竟如何，则不知也，故难使人彻底置信。

二、基因流（基因在居群间的相互转移作用）

在各种隔离的作用下，基因在居群中呈分割状态，这种趋向可使基因丧失（基因丧失和固定时呈半致死状），基因流减弱基因的作用。每一基因或都或一定有其生长势，它们的相对适合基因对其生长不利。这些使某些基因变成组合状态，使基因同居群顶化时状态引起生长势减弱。使某些基因基因还有一定的变异记录，在一定范围内，不可能确定它是基因的组合。在不同居群某种基因出现不相同，古代人为，各基因基因聚于一地，某某基因可以选择其对的某基因，通过取基因流的相互作用，具有某基因的基因表现来增加，较有生记录最大的生长势，可能比普通快。

（注）如下式中间母双方各有了对某基因，每对某基因决定某一性状，高某对某

—— （原稿第 3 面）

二、显性说（显性基因的相互补助作用）

在长期自然选择的作用下，显性基因多半是有利的，而植物的各种生长势（对生长有利的数量性状），恒受之许多显性基因的作用。每一显性基因，致成一定量的生长势，它们的相对隐性基因对生长不利。自交促使这两类基因变成纯合状态，隐性因子同质化时就能引起生长势减弱。但显隐性基因还有一定的连锁现象，在一个自交系内，不可能积累完全是显性基因的纯合状态，而不同自交系的基因型并不相同，当杂交后，各显性基因聚于一炉，许多基因点上的显性基因可以遮盖其对的隐性基因，达到取长补短的相互作用，具有显性因子的基因点将会增加，故而表现出强大的生长势，而且整齐一致。

例如下式中设父母双方各有 3 对显性基因，每对显性基因决定增产一个单位，而每对隐

44各因决定以 $7/2$ 单信，于是：

父本配制		母本配制		杂种	
A		a	$\frac{1}{2}$	A	1
A		a			2
b	$\frac{1}{2}$	B	1	b	1
		B		B	
c	1	C		C	1
		C	$\frac{1}{2}$		
d	$\frac{1}{2}$	D	1	D	1
		D			
E		e	$\frac{1}{2}$	E	1
E		e		d	
f	$\frac{1}{2}$	F	1	f	1
		F		F	

杂种代 $= 4\frac{1}{2}$ 单信　　　$4\frac{1}{2}$ 单信　　　 6 单信

由于 A 对于 a 为显性，因而 Aa 的效果和 AA 一样，所以杂种代于亲代提高了。

又，Rasmusson (1935) 以豌豆之花代为材料，发现杂种型 Aa 者生长较AA 及 aa 者 为佳等，他还 以基因间之连系关系来解释之：即基因与其他因子相连系。A 代表红花基因，a 代表白花基因；V_1、V_2 代表某生长基因；A 与 $V_1 v_2$ 相连系，a 与 $v_1 V_2$ 亲切连系。因此：

$$P_1 \quad \frac{A V_1 v_2}{A V_1 v_2} \times \frac{a v_1 V_2}{a v_1 V_2}$$

（原稿第 4 面）

性基因决定增产 1/2 单位，于是：

父本纯种		母本纯种		杂种	
A	1	A	a	1/2	a	A	1	a
b	1/2	b	B	1	B	b	1	B
C	1	C	c	1/2	c	C	1	c
d	1/2	d	D	1	D	d	1	D
E	1	E	e	1/2	e	E	1	e
f	1/2	f	F	1	F	f	1	F

增产值 ＝　　$4\frac{1}{2}$ 单位　　　$4\frac{1}{2}$ 单位　　　6 单位

由于 A 对 a 为显性，因而 Aa 的效果和 AA 一样，所以杂种产量提高了。如果涉及的显性基因很大，显与隐性基因有连锁存在，要选出一个具有完全纯显性基因的个体的机率是非常小的。

又，Rasmusson（1935）以豌豆作试验，发现基因型 Aa 者生长较 AA 及 aa 者为健全，他连合显性因子及连系说解释之：即显性生长基因与其他因子相连系。A 代表红花基因，a 代表白花基因；V_1、V_2 代表显性生长基因；A 与 V_1v_2 密切连锁，a 与 v_1V_2 密切连锁。因此：

$$P_1 \quad \frac{A\,V_1v_2}{A\,V_1v_2} \times \frac{a\,v_1V_2}{a\,v_1V_2}$$

F_1 $\dfrac{A V_1 V_2}{a v_1 V_2}$ 代谢优势由于 V_1+V_2 的作用。

F_2 $\dfrac{A V_1 V_2}{A V_1 V_2}$: $\dfrac{A V_1 V_2}{a v_1 V_2}$, $\dfrac{a v_1 V_2}{a v_1 V_2}$

    1   :   2   :   1

因为具 A a 异质因子型之 F_2 在代谢上含有 V_1 V_2 二种遗传生长因素，故生长更为强健。

三、超显性说（主要是基因间互作）

在认为超显性状是由等位基因 的杂合状态造成的生长优势。（杂种含有某类刺激生长势的基因及原因）。如：

	AA	aa	Aa	
第代	10	4	7	无势生长
	10	4	8	即仁有生长
	10	4	10	等生长
	10	4	12	超等生长

在同一个基因座上以与仁化学等（及在其大小等）影响生化作用不同的多个等位基因。假如在座位 a 上以其位置为 a_1 a_2 a_3 …… 当 若一个体具有 a_1 a_2 时若

（原稿第 5 面）

杂种优势由于 $V_1 + V_2$ 的作用

$$F_1 \quad \frac{A\,V_1v_2}{a\,V_1v_2}$$

$$F_2 \quad \frac{A\,V_1v_2}{A\,V_1v_2} \,,\quad \frac{A\,V_1v_2}{a\,v_1V_2} \,,\quad \frac{a\,v_1V_2}{a\,v_1V_2}$$

$$\qquad\qquad 1 \;:\; 2 \;:\; 1$$

因此，具 Aa 异质因子型之红花豌豆含有 V_1、V_2 二种显性生长因子，故生长特别健全。

三、超显性说（等位基因的互作）

所谓超显性就是杂合子所表现的性状要超过显性纯合子（杂结合本身是引起杂种优势的重要原因）。如：

	AA	aa	Aa	
单位：	10	4	7	无显性
	10	4	8	部分显性
	10	4	10	显性
	10	4	12	超显性

在同一个基因点上可以分化为许多效应较小而影响生理作用不同的等位基因。这种等位基因有累积作用，中位无所谓显性。例如由 a 可以分化为 a_1、a_2、a_3……等，当一个个体具有 a_1a_2 的杂

结合时，其趋势将优于 a_1a_3 或 a_2a_4 的结合，这个信息是蕴含以把这信息因同量对关绿状态起兰些性。即考于 a_1 和 a_2 在不同的华达法后，它们之间的组合求基计及在某部程上使此行总合基因性合所产生的革某些量态优越，从而产生此种优势。

假如这种基因对产生的影响可以表示一种函关法。则蛹这种关系全求蕴将随进化而改变。比如考虑基计 AA，BB 有一对基因到位即 A 和 B 间的。即考计计 $AA'BB'$ 中只有六计一 $SA+3$ 比

让计		让计	
A	A	A—A'	
|	|		
B	B	B—B'	

其中 $A—A'$ 和 $B—B'$ 是对位基因间到位。全的计谷作其位基因间到位。此处不考虑第二级或第三级到位。如 $A—A'—B$，$A—A'$ ……和 $A—A'—B'—B$，$A—B'—B—A'$ …… 由此量机。如上化学中 □ 量，不同环境及在的顺序在

————————————————————————————（原稿第 6 面）

结合时，生长势将优于 a_1a_1 或 a_2a_2 的纯合个体，在遗传上把等位基因的这种关系称为超显性，即表示 a_1 和 a_2 有不同的生理效应，它们之间的互作或某种反应物较之由任何纯合基因组合所产生的单独效果为优越，从而产生杂种优势。

假如每种基因所产生的当前效果是一种酶的话，则酶的种类愈多就愈能促进生化反应。例如在纯种 AA、BB 只有一种基因互作，即 A 和 B 之间的；而在杂种 AA′BB′ 中则有六种一级的互作。

纯种　　　　杂种

A　　A　　　A—A′

｜　　｜　　　｜×｜

B　　B　　　B—B′

其中 A—A′ 和 B—B′ 是等位基因间互作，其余四种为非等位基因间互作。此处还可能有第二级和第三级的互作，如 A—A′—B，A—A′—B′……和 A—A′—B′—B，A—B′—B—A′……由此类推。如像化学中，不同物质反应的顺序不同会政使许多产生的优安都及样，对许多产生较大计划性优安在，仍有大、应速在各种好的代谢时，来处保其优安力。

根据这种考议，优势优势是不就固定的，项为交代优于任何状态专基本，而一旦优化，优势便会消失。

[放弃者没]问于同意基性的5记，任基性与任基性辩料都有各自实际的探支持，即使是同一种生物中也是如此。因此设有理由可以认为，某性差情者因为主信者因专作，一种说基不一时间时专优势也发专了作用。如于基本代的(9个)改培养者中培养也基养养养的极性的试验生发记，选题1，这种对V_{B6}有较大的反应；选题2，对菜单改，在较大的反应，前者看者强化为V_{B6}的缺力，后者就培成菜单改的缺力。把二种优优的一起对同时对料，强培养成V_{B6}，又培培成菜

——————————————————————————（原稿第 7 面）

会致使所产生的化合物不一样，则杂种可以产生较多种的生化反应，从而大大促进有机体的代谢，并增强其生活力。

根据这种学说，杂种优势是不能固定的，因为它起源于杂合状态本身，而一经纯化，优势便会消失。

多数学者倾向于同意显性学说，但显性和超显性解释都有各自实验证据支持，即使在同一种生物中也是如此。因此没有理由可以认为，显性连锁基因与等位基因互作二种现象不能同时在杂种优势中发挥作用。如罗宾斯（1941）在培养基中培养纯系番茄的根的试验里发现：纯系 1 品种对 VB_6[①]〔维生素 B_6〕有较大的反应；纯系 2 对菸[②]草酸有较大的反应，亦即前者缺乏合成 VB_6 的能力，后者缺乏合成菸草酸的能力。把二品种杂交所得到的杂种，既能合成 VB_6，又能合成菸

————————

[①] VB_6：即维生素 B_6。下同。

[②] 菸：烟的异体字，适用于指烟草。下同。

辛酸。（让他们说说），⋯⋯主要到⋯⋯
能⋯⋯都⋯⋯大事（让他们去做论证）。

④. 信息传送

⋯⋯我们⋯⋯⋯⋯增加以后，这
使信息传送中的"高频号"将大为减少，从这就可
会使宣传意义高的信道"噪音"的⋯⋯，又可
⋯⋯向⋯⋯资料内，而使"普频号"将大大增加，
主要作⋯不同的宣传物质素质的宣传信息就地
收录⋯⋯而使我们⋯⋯⋯⋯。这样，什科以发扬去
⋯⋯的技术⋯⋯，信传问的⋯⋯⋯⋯去掉
于一处。依此假设，什科优势的普通就在于去于
比状受号的减少，而不在于个体大小、强度的增
加。什科具有的宣传信息"高频号"提供应该大多
于⋯⋯的隐性⋯因，并有着重要的作用。

（1963.9.23.年末稿）

――――――――――――――――――――――（原稿第 8 面）

草酸（证明显性说），而且产生这两种维生素的能力都超过其亲本（证明超显性说）。

四、信息论说

近亲繁殖或自交使纯合性得到增加以后，遗传信息总体中的"富余量"将大大减少，自交系所含的遗传密码的传递将受"噪音"的阻碍。但在系间杂交种内，有效的"富余量"将大大增加。这两份不同的遗传物质提供的遗传信息就比自交系内两份相同的为多。这样，杂种的发育过程能够顺利进行，个体间的各种性状可以趋于一致。依此假设，杂种优势的普遍效应在于性状变量的减少，而不在于个体大小尺度的增加。杂种具有的遗传信息"富余量"既能遮盖不利于生长的隐性基因，并有超显性作用。

（1963.9.23 综摘）

——————————————————————————————（原稿第 9 面）

孟德尔学派关于杂种后代的遗传规律

上面讨论的是米丘林学派关于杂种后代的遗传变异规律（显性规律、F_1 的一般性、F_2 和以后的多样性以及遗传类型的分类等）。现本着"双百"方针的精神，客观的介绍孟德尔学派对这些问题的研究成果及其理论，以扩大你们的知识领域，启发你们的思考能力，至于孰是孰非，可通过深思，由自己独立判断。

在孟德尔以前研究遗传现象的人，由于方法和材料的不适当，总是感到有很大的困难和不可捉摸，在一大堆的杂种后代中，表现出各式各样、五花八门的现象。比如，前后代身体上的各种性状，有的很为相似，有的则不完全相似，甚至有的则根本不同而出现了一种前代没有过的新性状，如高 × 矮，后代可能全部是不高不矮，也可能全部为高的，而在高植株的后代中又会出现矮的。花色粉红的后代，可能出现红、粉红，乃至白色的。黄大豆的后代可能出现绿大豆等。诸如此类前后代有时根他们在实验过程中所记录，定格发生了变更，因此……意义就在于把其中的……变成示意。

总统，孟德尔1856—1864年进行了8年精密的豆杂交试验。在这方面他与别人不同。首先，他把一个个单纯的性状从复杂的现象中……一进行观察和试验。这就使他在记录和统计时更加方便感（其次……先让他们在各自实……的条件记录）同时还采用了……的方法，并仔细的试验结果。这到在研究方法上的改进。再加上所取用的材料选择得恰当，因而使他在工作中取得了巨大的成就，发现了遗传学上的各个定律。

在1866年他试发表了他的这些实验结果，论文题为"植物的杂交试验"。在这篇论文中，详细地把他这几项了这种杂交的材料毫无……的定律。此后，这在当时生物科学上的发现，却没有……的注意，以至长期被遗忘。孟德尔本人亦因材料不足，而遇到挫折，直到1900年，才被……

（原稿第 10 面）

相似，有时又迥异的现象，是极复杂而不规则的，弄得他们眼花缭乱、扑朔迷离，所以很难把其中的规律找出来。

孟德尔从 1856—1864 年进行了 8 年精密豌豆杂交试验，在研究方法上跟前人不同。首先，他把一个一个明显的性状区别开来，分别的逐一的进行观察和试验，这就不致于被杂交现象中的复杂性所迷惑（其次是他保存了各世代的系谱记载），同时还采用了数学的方法来分析试验结果。这种在研究方法上的改进，并加上所取用的材料是严格的自花传粉植物，因而使他在工作中取得了巨大成就，发现了传统遗传学中的基本规律。

在 1866 年正式发表了他的研究结果，论文题目为“植物的杂交试验”。在此篇论文中，详细地、科学地说明了他所发现的杂种表现的规律。然而，这个在生物学上极重要的发现，却为他那个时代的科学家忽视了，以致默默无闻。孟德尔本人亦因这种怀才不遇而感到非常伤心，忧忧一生。至到 1900 年，才被再次发芽生长时（在以后生长同时亦给以同样处理与同样管理。

~~若营养不好不足以供试验，但还可以试验，结果与以前相同~~），前后。

对终点结果该继续~~进~~供选专家是此试验，结果到底

心心如许多，才是使得其明效或作定律。

§1 显性的~~遗传~~法则

豆科生物，每个生物体都具有无数的性状，

但在两个品种之间，必定有很多互相对立或对

立在的性状，叫作又排对性状。

比如，说豆高一矮，红色花一白色花，黄色叶

一绿色叶，圆种皮一皱种皮等。

豆科生物就把这些具有相对性状的纯豆之种

~~杂交~~杂交。如用一种高6-7尺的豆种同只有一尺高

的矮生豆种杂交，无论那作父或母本，所育出的

F₁豆类的豆种都是高豆生。又用红花豆种和

白花豆种杂交，所得的F₁全部是开红花的。他

一类是用种子对相对性状的不同之种——杂交

杂交，所得到的结果都是一样的，也就是说，所

种茎代那一亲代表现为父或母本一亲的性状。

―――――――――――――――――――――――　（原稿第 11 面）

重新发现和重视（有三个学者同时不约而同地做同样的杂交试
验，结果与孟氏相同）。嗣后，又经过许多学者继续重复他的试
验，得到类似的结果，于是便将其归纳成三个定律。

§1　显性现象

孟德尔认为，每个生物体都具有无数的性状，但在两个品种
之间，必定有很多互相对立、成对存在的性状，叫做相对性状。

比如，豌豆高—矮、红色花—白色花、黄子叶—绿子叶、圆
种皮—皱种皮等。

孟德尔就把这些具有相对性状的豌豆品种杂交，如用一种高
$6 \sim 7$ 尺[①] 的品种同只有一尺高的矮生品种杂交，无论谁作父母
本，所产生的 F_1，毫无例外，都是高豌豆。又用红花品种和白
花品种杂交，所得的 F_1 全都是开红花的。他一共选择了 7 对相
对性状的不同品种一一进行杂交，所得到的结果都是一样的，也
就是说，杂种第一代各个体仅表现出父本或母本一方面的性状。

―――――――――――――――

① 尺：长度单位，1 尺 ≈ 0.33 米。

因此，他作出结论说：一个具有相对性状的两个纯种杂交，所得到的F_1杂合体，它们所表现出来的性状完全一致，只是表现出亲本相对性状之一，另一性状不表现；其中表现出来的性状称为显性，不表现出来的称为隐性。

为什么会有这种现象？孟德尔是这样解释的：生物体所具有的每种显性性状，在它的细胞里面就一定含有能决定这种性状的原因（或物质原因），叫遗传因子（与基因含义大致相同，当时还未发现基因，是后来的说法）。

更进一步说来，决定一对相对性状的二个遗传因子的遗传力有强有弱，当二个因子结合在一起的时候，强的可以抑制弱的而表现出来，成为显性，弱的就被抑制住而表现不出来，成为隐性。

并以上述红×白在纯合子体的说法，和图：

在开红花的生殖细胞中，一定含有一个决定红色的遗传因子C，开白花的的生殖细胞中，一定含有白色

（原稿第 12 面）

　　因此，他作出结论说：以具有相对性状的两个纯种进行杂交，所得到的 F_1 各个体，不问数目多少，它们的性状完全一致，只是表现亲本相对性状之一，另一性状不表现；其中表现出来的性状称显性，没有表现出来的称隐性。

　　为什么会有这种现象呢？孟德尔是这样解释的：生物体所具有的某种遗传性状，在生殖细胞里面就一定含有能决定这种性状的原因（或物质原因）叫遗传因子（与基因的含义大致相同，当时还未发现基因，这是他假设的）。

　　并进一步假定：决定一对相对性状的二个遗传因子的遗传力有强有弱，当二个因子结合在一起的时候，强的可以抑制弱的而表现出来成为显性，弱的就被抑制住而表现不出来成为隐性。

　　兹以上述红 × 白花豌豆为例说明。如图，在开红花的生殖细胞中，一定含有一个决定红色的遗传因子 C，开白花的生殖细胞中，一定含有白色的遗传因子 c。实际什么呢，结合子中状态有红色、白色二种遗传因子。让红色遗传因子的遗传加长，抑制了白色因子的作用，所以 F_1 各有表现红色花，白色遗传因子虽然仍存在于结合子中，让因遗传中的被抑制，便不起作用，故不表现这状状。

红 × 白杂结合 —— 遗传的第一代结合

由红 × 白 → F_1 东表记上产化来与色到红花统画，按布压制（状态遗录）。但是，他们在遗传结合上，在又隐到了白色性状没有这作实呢有失了？实此，东方些作子了时比试新：纯种红花遗遗记，所产生的后代都是红花的，而什料仅，而产生的后代，即发现，大中有些是开红花，有些是开白花，即发生了性满状况，这说明白色性状道表现失，并且红白也是照成 3:1 的比例，即 3/4 系显性亲本、1/4 系了隐性亲本。

因这些新材料性流同样遗到到喜怡的结果，由真相一记和 ⊙ 白示了遗传和新 —— 来现在某一些在记录。

——————————————————————————（原稿第 13 面）

的遗传因子 c，它们杂交后，结合子中就含有红色、白色二种遗传因子。但红色遗传因子的遗传力强，抑制了白色因子的作用。所以 F_1 各个体表现红色花。白色遗传因子虽然仍存在于结合子中，但因遗传力弱，其作用被抑制了，故而没有表现出性状来。

§2　遗传因子的分离定律——遗传学的第一规律

由红 × 白→F_1，在表面上看起来与纯种红花豌豆没有区别（就花色而言），但是，他们在遗传性上有无区别？白色性状是否通过杂交而消失了？孟德尔为此作了对比试验：纯种红花豌豆自交所产生的后代都是红花的，而杂种自交所产生的后代则不同，其中有些是开红花，有些是开白花，即发生了分离现象，这说明白色性状并未消失，并且红白数目成 3：1 的比例，即 3/4 系显性亲本，1/4 系隐性亲本。

用其他相对性状同样得到类似的结果，由这一现象，得出了遗传的第一个基本现象。

A. 分离规律:

具有相对性状的二个亲本杂交，在杂种第一代仅表现显性性状，但到杂种第二代，亲本父母本双方的性状又分离出来，表现在不同的杂种个体上，而且显性与隐性性状成3:1的比值。

B. 对分离现象的解释是：(假说)

① 遗传因子在体细胞中是成对存在的，一个来自父本，一个来自母本。

② 在形成配子时，成对因子彼此分离，配子中只含有成对因子中的一个因子。分配到配子中的因子是独立的(互不影响)，总是单个存在的。

③ 性状的遗传因子互不影响独立地遗传，只是遗传因子对外因子有显性和隐性制作。

④ 由纯种亲本产生一对其数的配子由数目…配对(即1:1)，受精时雌雄配子……随机。

（原稿第 14 面）

A. 分离现象：

具有一对相对性状的二个亲本杂交，在杂种第一代，仅表现显性性状，但到杂种第二代，它们父母本双方的性状又分离出来，表现在不同的杂种个体上，而且显性与隐性性状成 3：1 的比例。

B. 对分离现象的解释是：（假说）

①遗传因子在体细胞中是成对存在的，一个来自母本，一个来自父本。

②在形成配子时，成对因子彼此分离，每个配子只含有成对因子中的一个因子。即配子中的因子是纯粹的（在此例非红即白），是成单存在的。

③由杂种产生的二种类型的配子数目相等（即 1：1）。

④二种类型雌雄

配子的结合是随机的，即具有同等机会。所以在
~~基因型Cc：~~

在自由授粉时自由组合规律：

① 父 × 母 → F_1，与 Cc 基因型，并产生……

② F_1 配子产生过程中时，Cc 分离，每个配子
……一种基因，或 C 或 c，各占有 $1/2$。

即 1:1，是产生……机制。

③ 当 受精 时，因为……机制……配子……有……种，受精
时就可有 4 种结合：$C^{♀} - C^{♂}_{⊕}$，$C - c$，$c - C$
$c - c$
……各种结合是……机会，即各占有 $1/4$。

P 甲 (CC) × (cc) 乙   方式：

G ── C ── c

F_1 ── (Cc) 红   1 CC : 2 Cc : 1 cc 因 8
         3 红 : 1 白

G

	C	c
C	CC $1/4$	Cc $1/4$
c	cC $1/4$	cc $1/4$

（原稿第 15 面）

配子的结合是随机的，即各种结合具有同等机会。所以在 F_2 显性与隐性就出现了 3：1 的分离比数。兹用棋盘式图表示说明：

①红 × 白 → F_1，含 Cc 二个因子，成对存在，开红花。

② F_1 在产生的配子时，Cc 分离，每个配子只含一种因子，或 C 或 c，各占总数 1/2，即 1：1，且无论雌雄。

③当自交时，因为雌雄配子各有二种，受精时就可有 4 种组合：C♀—C♂，C—c，c—C，c—c，而且各种结合是相等的，即各占 1/4。

P　　红　CC　　×　　cc　　白
　　　　　　｜　　　　　　｜
G　　　　　C　　　　　　c

F_1　　　　　　　Cc　　红

G　　　　　♀　　　　　　♂

	C	c
C	CC 1/4	Cc 1/4
c	Cc 1/4	cc 1/4

于是：1CC：2Cc：1cc 因子型，3 红：1 白　表现型。

100

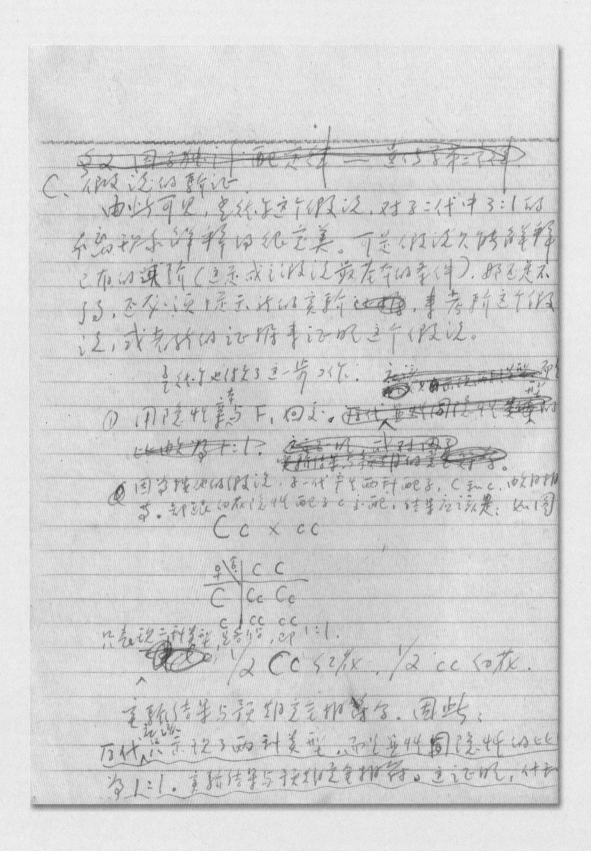

C、假说的验证

由此可见，孟德尔关于假说，对于二代中3:1的
不能却不能解释的纸完美。可是假说久够解释
己布的谜陷（一定是假说最在的条件），那它定不
了的，孟德尔决定来对的实验测验，来考察这个假
说，或者说的证据事证明这个假说。

孟德尔又以1863走一步工作。

① 用隐性亲与 F_1 回交。

② 因为隐性的假说，F_1 代产生两种配子，C 和 c，故隐性
亲，都说的来该代配子 c 合配，结生合说是：如图

$$Cc \times cc$$

只要记二种多量，总数1，比1:1。

$\frac{1}{2}$ CC 多数株，$\frac{1}{2}$ cc 白株。

实验结果与预期定期等合。因此，

后代实产记了两种类型，而且其性围隐性的比
为1:1。实际结果与预期定期合相符，这记明，纯种

（原稿第 16 面）

C. 假说的验证

由此可见，孟德尔这个假说对子二代中 3∶1 的分离现象解释得很完美。可是假说只能解释已有的实验（这是成立假说最基本的条件），那还是不够，还必须提出新的实验来考验这个假说，或者新的证据来证明这个假说。

孟德尔也做了这一步工作：

①用隐性亲本与 F₁ 回交。因为按他的假说，子一代产生两种配子，C 和 c 数目相等。都跟白花隐性配子 c 交配，结果应该是如图：

Cc	×	cc
♀	♂	
	c	c
C	Cc	Cc
c	cc	cc

只表现二种类型，且各占 1/2 Cc 红花，1/2cc 白花，即 1∶1。

实验结果与预期完全相符合。因此：

后代应该只出现了两种类型，而且显性同隐性的比数为 1∶1。实验结果与预期完全相符。这证明，杂种

如成对因子为同原的，在肓[减低子过春白[高，较

成二对不同等性[⋯⋯⋯⋯]种花具有更强烈因

又[⋯⋯⋯，函另一类型的配子都[⋯⋯也半等因

子。

　这个说法如何用特×异合亲本来解明。

己知某双等特务差性。有1个等性卷因[⋯]主宰制，

特性本样双为[亲4[卷因[⋯]g。

　　竟皆知道，花[内有深料[存盒。如以此类[花[一类

特级的花料[笔兰色反应。另等级的花料[只[

笔红色反应。

　如用青[色[亲牙[的花料[，只[二科叠等[的花

料[就主体后引[，春[/2。

　如进引[测[新回交。粉：异合二[:[。

二．回交[后代的[离黄性[和比例[、真际上

　就定[反映[牙下、配子[结[品[有光。

　回 F2[[花[的下3、其中[回花[代[[⋯⋯[花、

（原稿第 17 面）

的成对因子为异质的，它们在形成配子时各自分离，形成二种不同类型而数目相等的配子，每一类型的配子都只含纯粹的因子。

这个现象如今用糯 × 粘稻更能直接证明。已知粘性对糯为显性，有 1 个显性基因 G 控制，糯性为相对的隐性基因 g。并且知道，花粉内有淀粉存在，如以碘液染粘稻的花粉呈蓝色反应，糯稻的花粉则呈红棕色反应。

如用来测 F_1 的花粉，则二种类型的花粉能直接看到，各占 1/2。

如进行测验回交，粘∶糯 =1∶1。

∴回交后代的分离类型和比例，实际上就是反映了 F_1 配子的分离情况。

②F_2 自交所得的 F_3，其中白花后代应全部为白花，

1/3红花后代<u>都</u>都为红花。2/3红花后代都红白比样(?)的

比收得都又是3:1。实验结果与预期的完全符合。

F₂　　　　红花　　　　　　　　白花

$\frac{1}{4}CC$ ：$\frac{2}{4}Cc$ ： $\frac{1}{4}cc$

F₃　　全部红花　　$\frac{3}{4}$红花:$\frac{1}{4}$白花　　全部白花

CC　　$\begin{cases}\frac{1}{4}CC\\ \frac{2}{4}Cc\end{cases}$　　cc　　cc

这样就证明了遗传学的一定律。即：

遗传因子分离 这样就证明了遗传学的一定律。即：

D. 分离定律

基因的四相对等位基因质合状态同时存在于停(?)
的细胞中，彼此并不互相混合，而在配子形成时定
会按原样分离到不同的配子中去。

在一般情况下，配子分离的比收是1:1，F₂基
因型分离比收是1:2:1，F₂表现型分离比收是3:1。

分离率的发现同质成分不变量的发现也
基础是完全一样的。这些因子并不因另一些因子同
同一对于同一个体内而改变他们的质度。这些遗传子是最基本的

———————————————————————————（原稿第 18 面）

1/3 红花后代应全部为红花，2/3 红花后代应继续分离，而且红、白植株的比数将又是 3∶1。实验结果与预期的完全符合。

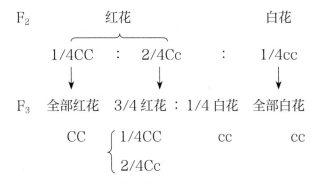

这样就建立了遗传学的第一定律，即：

D. 遗传因子的分离定律

杂种的相对基因呈异质结合状态同时存在于体细胞中，但彼此并不互相混合，而在配子形成时完全按原样分离到不同的配子中去。

在一般情况下，配子分离的比数是 1∶1，F_2 基因型分离比数是 1∶2∶1，F_2 表现型分离比数是 3∶1。

分离出来的隐性同质接合和原来的隐性亲本在表型上是完全一样的，隐性因子并不因为曾与显性因子同一处于同一个体内而改变它的性质。这是遗传学上最基本的定律。

106

E. 在遗传育种上的应用

使遗传上纯合的雄性不育系来与保持系说能够好地产生稳定优良的杂种。但实际上这往往是很难实现或难长期保持的杂种。如果是单质遗传状态的原因，在理论上在是很好的，可是怎样才能控制，以便将来会在一定基础上

e. 诱变育种法

根据人为突变，也可在什么条件下（是有地说诱变育种有失败及失败原因，以有时诱变更有地控制（或控制某地）这种问题。那常见的方式如下：

① 某些优良性状如为一个显性的突变所控制，见于F₁中就很难观察到这种性状，但对在纯合F₁，才会表现（隐性）。在F₂中就会记出发生在于从中，使一个发生就从隐蔽该性状中的杂种。

② 某些优良性状如为一对显性、状所控制。（如成隐性为控制），虽然在F₂中表记就从，会常出来，从显隐与R与显记能相同（自选块基础）又中R在对它隐与显合成，从R的某种显又任高，因此，不完（特化状，到下代才能得到取很有的这种杂种（了解）。

（原稿第 19 面）

E. 分离规律在育种上的应用

杂交育种工作的全部过程在于根据表现型的好坏选择优良的植株，但实际上是要选已经纯化了的具有优良基因型的植株。如果是异质结〔合〕状态的基因型，表型上看是很好的，可是其后代要发生分离，则该优良性状为昙花一现而已。

根据分离规律，就可在杂种后代中准确地预见到出现的类型及其频率，从而能进行更有把握地（或科学地）选择淘汰。兹举数例说明：

①某些优良性状如为一对隐性基因所控制，则在 F 中就很难表现出这种性状（因此不能在 F_1 进行选择淘汰）。在 F_2 出现的频率比较少，但一经发现就能获得性状固定的植株。

②某些优良性状如为一对显性性状所控制（如抗病性为 RR），虽然在 F_2 中出现较多，容易找到，但 RR 与 Rr 的表现型相同（都是抗病的），其中 RR 则已经纯合化，Rr 的后代还要分离，因此，必须分株繁殖，到 F_3 才能有把握的得到纯合的抗病植株（家系）。

④ 遗传学的测验材料易得到的材料。

如果控制1个3性44矮性一受控制，则有 CC，Cc 都为正常叶。如将 CC 放在暗处则叶片枯黄，Cc 放在暗处则叶片绿色。从后代的种子或者枝条播种后着重于枝上的控制叶片（或从1只到那上的叶变中）

⑤ 规则在高年长成的叶片上垂直方向生叶片，在东立得一个下，试论时。准差不加分析，可能认为这种叶片的变异，从而导了生性选择的错误。

③ 无论种植某一类异点生长物，时常在大田中观察到不同性状的植株发现比例。（如矮、徒长、深绿、浅绿叶、平秆、吐死花等——的叶茎）这些性状在对其他经济性状，如产量、品质、抗性等有一定的关系，可以从很好的选择，在选种时，选留一些这种性状。偶然造出这些变异性状，次年或以后几年总会发生变异。因此，对异花传粉作物的选种，须每年进行选种，还必须使其隔离，以保证其纯度。

§3 遗传因子的独立分配定律（自由组合定律）

1、两对相对性状的遗传实验

在豆类的试验中，也也地具有两个以上相对差性状的品种进行杂交，观察后代的性状变化。例如，用一种黄色圆粒的豌豆和一种绿色皱皮的豌豆杂交。杂交的后代，以

（原稿第 20 面）

③异花授粉和常异交作物，时常在大田见到不同性状的分离现象（如果、绿茎、深绿、浅绿叶、早熟、晚熟，结荚密、稀等——油菜）。这些性状有时和其他经济性〔状〕，如产量、品质、抗性等有一定的关系。可以根据需要，在选种时，选留一致的性状。倘若选的是显性性状，次年和以后几年还会发生分离。因此，对异花传粉作物的留种，除须年年进行选种外，还必须实行隔离等保纯方法。

④遗传学的研究要求用纯合型的材料

如鸡脚棉为隐性 c 控制，则 CC，Cc 都表现为正常叶。如将 CC 放在普通条件下种植，Cc 放在寒冷条件下培育。然后将〔二〕者的种子于次年放在平常条件下分别种植（或仍旧种栽上代环境中），则有前者长成的植株全部为正常叶，后者出现一部分鸡脚叶。倘若不加分析，可能认为鸡脚叶性状的出现是由低温引起的变异，从而导致错误的结论。

§3　遗传因子的独立分配定律（自由组合定律）

1. 两对相对性状的遗传实验

在孟德尔的试验中，他也把具有两个以上相对性状的品种进行杂交，观察后代的性状变化。例如，用一种黄色圆形的豌豆和一种绿色皱皮的豌豆杂交，所得的 F_1 15

个种株全R是黄圆园新的汇意。

黄圆 × 绿皱 ⟶ F₁ 黄圆。

这个结果是完全可以比解释的，因为黄、圆二种性状都是显性。故F₁只表现黄、圆二种性状。

代表是在F₁ ⊕ 后，在F₂中，他们切到的结果都有些意料不到的情况。下离立的每种不奈其幸那样，大有二种。（如黄圆：绿皱 = 3:1）。而是立记了4种类型。即：

F₁（黄圆）⊗ F₂

F₁（黄圆）

↓ ⊕

F₂ 黄圆、黄皱、绿圆、绿皱

————— 9 ——— 3 —— 3 — 1

个体数 315   101   108   32   ∑=556

比数   9 : 3 : 3 : 1

怎样 ~~~~~ 如记如何？首先让我们只考一对性状性状的表现。

（原稿第 21 面）

个植株全部是黄色圆形的豌豆。

黄、圆 × 绿、皱 → F_1 黄、圆

这个结果是完全可以理解的，因为黄、圆二种性状都是显性，故 F_1 只表现黄、圆二种性状。

但是在 $F_1 \otimes$ 后，在 F_2 中，他所得到的结果却有些意想不到的情况，分离出的黄型不像亲本那样只有二种（且黄圆：绿皱 $=3:1$），而是出现了四种类型，即：

$$F_1（黄圆）$$

$$\downarrow \otimes$$

F_2	黄圆、黄皱、绿圆、绿皱				
个体数	315	101	108	32	$\Sigma = 556$
比数	9	：3	：3	：1	

怎样会展现此现象呢？首先让我们只按一对相对性状来分析。

种子形状 $\begin{cases} \text{圆形种子数量……} & 315+108=423 & 75\% \\ \text{皱皮……} & 101+32=133 & 24\% \end{cases}$

种子颜色 $\begin{cases} \text{黄色种子数量……} & 315+101=416 & 74.8\% \\ \text{绿色……} & 108+32=140 & 25.2\% \end{cases}$

由此可见，每一对相对性状单独统计的分离比例仍约近于 3:1，即与前述分离现象相符合。这说明一对相对性状的分离与另一对相对性状的分离互不影响。如果把这两个 3:1 互乘，则：

$$3\,圆 : 1\,皱皮$$
$$\times \quad 3\,黄 : 1\,绿$$
$$\overline{}$$
$$9\,黄圆 : 3\,黄皱 : 3\,圆绿 : 1\,绿皱$$

显然可见，9:3:3:1 正是 3:1 的平方。由此类推，三对相对性状独立统计时，F_2 的分离比例则为 $(3:1)^3$（每对性状独立统计的结果）即 $27:9:9:9:3:3:3:1$。一般说，F_2 性状的分离比例为 n 可推算为 $(3:1)^n$ 的公式。n 代表相对性状的对数。

由此可见……孟德尔的第二定律。（即分离规律以上主现象）

（原稿第 22 面）

种子形状 $\begin{cases} \text{圆形种子株数} & 315+108=423 \quad 76\% \\ \text{皱皮种子株数} & 101+32=133 \quad 24\% \end{cases}$

种子颜色 $\begin{cases} \text{黄色种子株数} & 315+101=416 \quad 74.8\% \\ \text{绿色种子株数} & 108+32=140 \quad 25.2\% \end{cases}$

由此可见，每一对相对性状显隐性的分离比例，大抵都是 $3:1$，即与前述分离规律相符合。这说明一对相对性状的分离与另一对相对性状的分离无关。如果把此二个 $3:1$ 互乘，则：

$$3 \text{圆} : 1 \text{皱}$$
$$\times)\ 3 \text{黄} : 1 \text{绿}$$
$$\overline{}$$
$$9 \text{黄圆} : 3 \text{黄皱} : 3 \text{圆绿} : 1 \text{绿皱}$$

显而易见，$9:3:3:1$ 就是 $3:1$ 的平方。由此类推，三对相对性状品种的杂交，F_2 的分离比例是 $(3:1)^3$（孟德尔也作了此实验），即 $27:9:9:9:3:3:3:1$。这就是说，F_2 性状的分离比例，可概括为 $(3:1)^n$ 的公式。n 代表相对性状的数目。

由此，孟德尔得出遗传的第二规律（用此理论就可说明上述现象）。

2.（连锁）遗传因子与独立分配了否？

~~连锁或其株因子在某染色体上~~，

某某某因素结合连锁遗传因子，无论对

谁有少，在形成配子时从独立分离，分配

这样的问题。即

~~也问~~，一对因子与另一对因子从分离和组合是

互不~~干~~连着地、仍然独立的。

用这样的考试题目该如此进行记录。

× × ×

因子某些之间有配的关系在于 F，产生配子时，把

这因子分和 r，Y和y 按照了离规律相互分开。如

果仅就一对因子来讲，只会有二种类型的配子。

（即 R和r，或 Y和y）。但是至老两对独立地

状，即两对因子，在形成配子时，就有4种配子能

与组合的可能性。   R   r   Y   y

① R与Y进入一配子，形成 RY

② R··y ········ Ry

③ r··Y ········ rY

④ r··y ········ ry

―――――――――――――――――――――――――――（原稿第 23 面）

2.（多对）遗传因子的独立分配定律

异质结合的相对遗传因子，无论对数多少，在形成配子时彼此是独立分离，重新自由组合的。即一对因子与另一对因子的分离和组合是互不牵连、彼此独立的。

兹以拱盘式图来说明这个规律。

因子独立分配的关键在于 F_1 产生配子时，相对因子 R 和 r、Y 和 y 按照分离规律相互分开。如果仅就一对因子来讲，只会有二种类型的配子（即 R 和 r，或 Y 和 y），但这里是两对性状、两对因子，在形成配子时，就有 4 种分配与组合的可能性。

R　r　Y　y

①R 与 Y 进入一个配子，形成 RY，

②R 与 y 进入一个配子，形成 Ry，

③r 与 Y 进入一个配子，形成 rY，

④r 与 y 进入一个配子，形成 ry。

围绕，共种成了4种配子。这是由于雌、雄配子

随机结合产生的。这是自由结合，所以每种结合

的机会相等。这4种配子的比例等于1:1:1:1。（若

用P二方法来算这一样是样，在亲本时就有四4×4=

16种可能结合。）（见图）

这，这与孟德尔⋯与此假设符合。

如果这种（假设正确，就在在测交验中⋯

得到验证。因按此假设，F₁会产生4种基

型的配子，即 RY、Ry、rY、ry，如果

用隐性纯合亲本回交，其后代表现型的类别和

比，便能反映配子的类型和比例。

待孕后代⋯表现型之 1黄圆：1黄皱：1⋯

RY   Ry   rY   ry

rg   RgYg Rygg rrYg rrggy
     黄圆   圆绿   皱黄   皱绿

由上可知，两对因子的遗传，在亲本⋯某什⋯

及⋯一⋯不变化。在这样情况下，可见这⋯

（原稿第 24 面）

　　因此，共形成了 4 种配子，这是由于独立分配和自由组合所产生的。既是自由组合，所以各种组合的机会相等，即 4 种配子的比数为 1∶1∶1∶1（精卵二方面都是一样），这样，在受精时就有 4×4=16 种可能结合（见图）。

　　孟德尔的实验恰好与此假设符合。

　　如果这种假设正确，就应在回交测验中得到证明。固按照假设，F_1 会产生 4 种类型的配子，即 RY、Ry、rY、ry，如果用隐性亲本回交，则后代表现型的分离情况，便能直接反映配子的类型和分离情况。结果后代的表现型是 1 黄圆∶1 黄皱∶1 绿

	RY	Ry	rY	ry
ry	RrYy	Rryy	rrYy	rryy
	黄圆	圆绿	皱黄	皱绿

　　由上可知，两对因子的遗传，在表面上复杂些，但原则上一点也不复杂。在任何情况下，可把注意力集

由于一对因子，同层结合成杂种，异层结合成纯种。如对因子则有4之杂配种子，[...]国有[...]对有型，2对[...]有4种配种子，4种表型。3对——8种配种子，8种表型。由此类推，[...]对双杂合杂交，[...]表型，[...]都有规律可循。其规律表示如下：

F_1杂种配种对数	F_2表现型种类	F_2基因型种类
1	2	3
2	4	9
3	8	27
$\vdots$	$\vdots$	$\vdots$
n	2^n	3^n

3. 独立分配规律在育种上的应用。

① 由两对以上相对性状，可以实现不同亲本的好类型，其后代都产生很多新的商品类型。因此，总能选择出理想新品种，无论是在实验地或生产田地，实践上都是各因子自由组合的结果。按根据此原理：

② 可以预见在杂交后代出现性状自由组合的种类。在杂交[...]的[...]比数，从而能更有把握地选择[...]

―――――――――――――――――――――――――――――――― （原稿第 25 面）

中于一对因子，同质结合没有分离，异质结合有分离，如一对因
子，则产生 2 种配子、2 种表型，2 对因子、4 种配子、4 种表
型 3 对因子、8 种配子、8 种表型。由此类推，故多对性状的杂
交，虽然复杂，但都有规律可循。规律汇总如下：

F_1 杂种基因对数	F_2 表现型种类	F_2 基因型种类
1	2	3
2	4	9
3	8	27
⋮	⋮	⋮
n	2^n	3^n

3. 独立分配规律在育种上的应用

由两对以上性状杂交可以出现不同于亲本的新类型，其原理
都在于因子的分离和独立分配，因此，通过杂交能够创造新品
种，无论是有意识地或无意识地，实质上都是基因重新组合的结
果。故根据此原理：

①可以预见在杂种后代新性状组合的种类，在群体中所占的
比数，从而能更有把握地选

东不有双亲体亲的差异性。例如一个亲本是小粒、抗病的品种，当我们说它，用 aabb 代表，另一个是大粒、感病之种，用逆双基代，用 AABB 代表，后代 F1 表现为大粒、抗病的纯之种。自由组合，在纯合之到 F2 会说的种表记程：

  表现型   大粒感病、大粒抗病、小粒感病、小粒抗病
    9   :   3   :   3   :   1

  那产生意型正记的机会是 3/16，但其中只有 1/3 是同质结合为 (aaBB)，另分为 2/3 是异质结合子体 (aaBb) 在表现型上无休区别。休位种生种机到 F3，才能够到（意义上合字的选种，但在下一些子少出生下代，从从记你会出现某少出种 3 某种类型的选个纯质种。如果我们到在 F3，由到好几些子代，也少选择计 15种类。

（原稿第 26 面）

出结合了双亲优点的新类型。例如一个亲本是抗病、小粒品种，为双隐性，用 aabb 代表，另一个是染病、大粒品种，是双显性，用 AABB 代表，育种的目的是希望获得大粒、抗病的纯品种。通过杂交，就能预见到 F_2 会现四种表现型：

大粒染病、大粒抗病、小粒染病、小粒抗病

9　：　3　：　3　：　1

即需要类型出现的机会是 3/16，但其中只有 1/3 是同质结合的（aaBB），与另外 2/3 异质结合个体（aaBb）在表现型上无法区别，必须分株种植到 F_3，才能得到真正全部的纯种，但 F_2 要种多少株呢？从理论上讲，至少要种 3 株才能得到一个纯系统。如果希望在 F_3 得到 5 个纯系统，则〔至〕少需种 15 株。

§4

$\quad B Bvv \times bb VV$

$\quad\quad\quad\downarrow$

$F_1 \quad B b V v$

$\quad\quad B V \quad B v \quad b V \quad b v$

（原稿第 27 面）

§4　遗传因子的连锁和交换定律

性状连锁　凡位于同一条染色体上的遗传因子，它们所控制的性状经常联系在一起的叫连锁遗传。兹以果蝇的一个实验为例说明。

果蝇中，灰身（B）对黑身（b）是显性，长翅（V）对残翅（v）是显性，如果以同质结合的灰身残翅跟同质结合的黑身长翅杂交，后代皆为灰身长翅。

$$P \qquad BBvv \qquad \times \qquad bbVV$$

灰身残翅　　　　　　　黑身长翅

$$F_1 \qquad\qquad BbVv$$

灰身长翅

现以 F_1 同双隐性的 bbvv 雌果蝇回交，将得到什么结果？按照分离和独立分配定律，F_1 雄果蝇应该产生四种类型的精子，即:

	BV	Bv	bV	bv
	灰长	灰残	黑长	黑残
bv	BbVv	Bbvv	bbVv	bbvv

由于双隐性♀果蝇只能产生 1 种卵 bv，所以后代应该是 4 种精子的直接表现，而且其比例应该是 1∶1∶1∶1。

124

作其了结果，二代三代等等的后代，如按此比里长，比收为1:1。显然，B和V是连在一起

~~跟着牙样基出~~

b和V连在一起。故 F₂ 必产生 BV 和 bV 两种配子。

$$Br \quad bV$$
$$bV \quad BbVV \quad bbVV$$

反复 三代。

连锁与独立子的性状比例不同：遗传因子组合在同一条色体上必有连锁；如果在不同种染色体上，就发生独立分配。（伴生色体

连锁基因在盘状垂直的记录。大肠杆菌，它的遗传的基本状态是9上下，即基因必在成生上，它染色体上的全部遗传信息。细菌为24种，水绵12种。因此，在一条染色体上，不但我有许多的基因，而其必随着排列组片这必然是跟基因连在一起的。如人的某些基因在上，在某些基因上有许多基因的作基因连着，所色体上所携某些基因的作某些连着。

——————————————————————————————————（原稿第 28 面）

但实际结果，只有二种类型的后代，即灰残与黑长，比数为
1:1。显然，B 和 v 总是连在一起，b 和 V 连在一起。故 F_1 只
产生 Bv 和 bV 两种配子。

$$
\begin{array}{ccc}
& \mathrm{Bv} & \mathrm{bV} \\
\mathrm{bv} & \mathrm{Bbvv} & \mathrm{bbVv} \\
& \text{灰残} & \text{黑长}
\end{array}
$$

连锁与独立分配的区别在于: 遗传因子如果在同一染色体上
就发生连锁，如果在不同的染色体上，就发生独立分配（随染
色体）。

连锁现象是极普遍的现象，大家知道，生物体的性状有成千
上万，即基因也有成千上万，但染色体的数目都是有限的。如人
为 24 对，水稻 12 对。因此，在一条染色体上，必然载有许多
的基因。而这些因子的行为也必然是联系在一起的。如人的性染
色体上，x 染色体上有许多女性的伴性遗传，y 染色体上有许多
男性的伴性遗传。

生/改变语义章剂上的应用

女物化传泞全性状具有相关记录，两种相关记录
的实质是生物章传活对主表记。例如，大豆自在
多1地产方，节龙李层的质主，小叔18年喜多卷千佬
林看北圣的轻剂，半长发养扎千节了。3许之
剂相关主之市剂上有很大那路。

①可以找据一个性状来找找另一个性状。将
加了运星那和友物性状的相关以及针个性状的
生物生化会性性的相关。   信蛇很极."

②可以用来去话方法（如增，引主j）加快技术
剂时的遗传。便龙剂的————————————
————顷仗去多剂和◯性状的龙因活多生一定会追
上成为新主化宝。如 新长北素、生素抗
主，早边青半了。

2. 土壤:

.

（原稿第 29 面）

连锁遗传在育种上的应用

生物体许多性状具有相关现象，这些相关现象的实质是连锁遗传的外在表现。例如，大豆白花含油量高，紫花含蛋白质高，水稻凡株高者穗长，着粒密的穗短，穗长者着粒稀等。了解这种相关在育种上有很大帮助。

①可以根据一个性状来推断另一个性状，特别是早期和后期性状的相关以及外部性状和生理生化特性的相关。

②利用适当的方法（如杂交、引变等）使染色体交换以打破不利的旧连锁，使控制有利性状的基因结合在一条染色体上成为新连锁。如穗长粒密、粒大粒多、早熟高产等。

2. 交换

——————————————————（原稿第 30 面缺失，原稿第 31 面）

谓的大数法则。著名俄国数学家切比 · 耶夫发展了大数法则，并指出了现象分配的一定规律。这就是：变数与平均数（即离均差）相差愈大，则其出现的机率愈小；反之，变数愈接近平均数，则其出现的次数（可能性）愈多。因此，当观察次数极多时，这些观察的数值的分布便逐渐趋于某种理论分配，即常态分布。（例如，在一千多名学生中，如果测量每一个同学的身长，将会发现，身长特别高的是很少的，特别矮的也很少，而不高不矮的同学最多。如果把所有同学的高度加起来用总人数去除，得到一平均数 $\overline{x}$，则将会看到身长在这个平均数左右的最多。）

　　常态分布为一光滑的对称曲线，曲线下的总面积，表示所研究的总体的总次数，它等于 1。最高的次数居于曲线的中心，两尾的次数逐渐减少。平分曲线全面积的垂直线表示平均数（即离均差等于的变化）。横轴上两侧的距离表示所有变值的正负离均差。在此曲线范围内，在平均数两侧，各标准差所占的面积如下：

130

辛的联系。

　　$\pm \delta$ 范围内新生长的变故的值差观收的 68%。也即有 68% 的变故大示记在 $\pm \delta$ 内。

　　$\pm 2\delta$ 范围内（即2个标准差距离离的两变际间的范围内）新生长的变故的值占总观收的 95%。即有 95% 的变故示记在 $\pm 2\delta$ 内。

　　$\pm 3\delta$（3个标准差距离为乙免两方在所生长的变故）范围内的变故的值总观收的 99%。

2. 蓄性测定的显著性。

　　在科学工作中，广泛地根据事先介布的样本来试验结果的差异是否显著的测定。在进行显著性测定时，一般要先设立效假设，即认为某该试验结果的差异不显然后再计算其实际的结果，看完全依靠偶然就能够获得它有多少，如果机会较大（机率大说明很容易碰到获得），即表示差异不显著；

（原稿第 32 面）

±δ 的范围内所包括的变数约占总次数的 68%，意即有 68% 的变数大出现在 ±δ 内。

±2δ 范围内（即 2 个标准差距离的两垂线间的范围内）所包括的变数约占总次数的 95%，即有 95% 的变数出现在 ±2δ 内。

±3δ（三个标准差距离正负两方面所包括的变数）范围内的变数约占总次数的 99%。

2. 显著性测定的概念

在研究工作中，广泛地根据常态分布规律来进行试验结果差异显著性的测定。进行显著性测定时，一般是先设立无效假设，即认为该试验结果的差异不显著，然后再计算其实得的结果，看完全依靠偶然获得该差异的机会有多少，如果机会数大（机率大）说明很容易碰巧获得，即表示差异不显著；如机会越小，就说明这种差异绝对不是靠机会获得，那秦于买有显著差异。在生物统计上一般常常采用下列显著标准：

~~l 差异达其拉误的文佶~~

5% 显著标准：

1. 在实试所结果完全靠机遇获得的机会只有5%或小于5%时，就算是显著。即把差别无效假设的论断至少有95%的把握。

1% 显著标准：

2. 若试验结果完全靠机遇获得的机会只有1%时，就算是极显著。也就是说，多于某种处理，把差别优拢宴。故把拒无效假设的论断有99%的把握。

因素，接必拒观，从字面上来由绝及较可以分辨别。从实在说，实验检水的地取的试行变化，与实行有机率等于5%时且显异…… 选择率2个圈主5时，5种的机会产生的机率差5%。先到圈3土5时，5种的机会产生的机率差1%。因为，也可以圈起二倍

（原稿第 33 面）

机会数小，就说明这种差异很难靠机会获得，即表示具有显著差异。在生物统计上一般采用下列显著标准：

1.5% 显著标准：若是试验结果完全靠机遇获得的机会数只有 5% 或小于 5% 时，就算是显著。即推翻无效假设的论断至少有 95% 的把握。

2.1% 显著标准。若试验结果完全靠机遇获得的机会数只有 1% 时，就算是极显著。也就是说，为了慎重起见，把标准提高，使推翻无效假设的论断有 99% 的把握。

按此标准，从常态曲线面积可以了解到：从任何常态分布资料中所抽取的任何变化，与总体平均数的差数等于 2 个 $\pm\delta$ 时，纯由机会产生的机率是 5%，达到 $3\pm\delta$ 时，纯由机会产生的机率是 1%。因此，也可以把二倍标准差定为一个显著标准。三倍标准差确定为极显著标准。也就是说，凡实际值与理论数的差异大于二倍标准差时，$(\frac{d}{\sigma} \geq 2)$，其机率小于5%，$\frac{d}{\sigma} = 三3$时，其机率小于1%，这样的差异就非常显著。

例1：已知某大麦小麦杂种等的平均株高为26.4寸，标准差等为2寸，从这等团中随机抽取一株，大麦度为29.4寸，问亦讬这一株高度的可能性有多少？与群体高度的差异是否显著？

辛沼七表示：

⊛
$$\frac{d}{\sigma} = \frac{29.4-26.4}{2} = \frac{3}{2} = 1.5$$

① $\frac{d}{\sigma} = 1.5$ 小于又倍标准差，说明差异不显著，可代表群体。

② 根据此结果查表或曲线或正规表，当$\frac{d}{\sigma} = 1.5$时，机率为0.4332。因此，差从该小麦等团随机抽取一株，其株高与该群团的平均株高相差3寸（大于或小于3寸），那末亦说此差偶然可得群体。其值2×0.4332 = 0.8664 或86.1%

（放末页）

（原稿第 34 面）

标准差定为一个显著标准，三倍标准差定为极显著标准。也就是说，凡变数与均数的差异大于二倍标准差时，即 t 值（$\dfrac{d}{\delta} \geq 2$），其机率小于 5%，即 t 值 $\dfrac{d}{\delta} \geq 3$ 时，其机率小于 1%，这样的差异就非常显著。

例 1. 已知某大毫小麦植株集的平均株高为 26.4 寸，标准差为 2 寸，从这个集团中随机抽取一株，其高度为 29.4 寸，问①出现这一株高度的可能性有多少？②与群体高度的差异显著否？

为此要算出：

$$\frac{d}{\delta} = \frac{29.4\text{-}26.4}{2} = \frac{3}{2} = 1.5$$

①$\dfrac{d}{\delta} = 1.5$ 小于 2 倍标准差，说明差异不显著，有代表性。

②根据此结果查常态曲线面积表，当 $\dfrac{d}{\delta} = 1.5$ 时，机率为 0.4332。因此，若自该小麦集团随机抽取一株，其株高与该集团的平均株高相差 3 寸（大于或小于 3 寸），那么出现此差数的可能性共有 2×0.4332=0.8664 或 86.64%。

3. 样本平均数可靠性的测定（标准误）

在田间试验中，如果观察某个群体的平均数（M），当然是可靠，但是要求得不可能对此极为大量的群体（如全田的植株）逐一调查，而只能从群体中抽取一部分样本，从而求定其平均数（$\bar{x}$）（如从全田中取定数十或若干株测定其产量，取数值）。那末，这个样本平均数的可靠性怎样呢？其代表性程度怎样呢？因此，必须进行差异显著性的测定。就是说，必须确定样本所得到的统计数值与整体所得到的数值，它们两者之间的差异显著性。当时，使须求之间了样本的平均数对整体平均数的离差可能范围（即代表性程度），这个范围就是平均数的误差（平均数的标准误），又叫标准误，用 $S_{\bar{x}}$ 代表之，其计算公式如下：（与样本的平均数的离差有关）

样本平均数的
标准误（标准误）

$$S_{\bar{x}} = \frac{S}{\sqrt{N}}$$

（原稿第 35 面）

3. 样本平均数可靠性的测定（标准误）

在田间试验中，如能观察整个群体（总体）的平均数（M），当然完全可靠，但通常我们不可能对此极为大量的单位（如全田的穗数）进行调查，而只能从群体中抽出一部分样本进行测定，从而求出总体的平均数（$\bar{x}$）（如从全田中取出数十或百株测量其穗长、粒数等）。但是，这个样本平均数的可靠性怎样呢？其代表性程度怎样呢？因此，必须进行差异显著性的测定。就是说，要测定从样本所得到的统计数值与从总体所得到的数值，它们两者之间的差异显著性。为此，便须要确定样本的平均数对总体平均数的离差可能范围（即代表性程度），这个范围就是平均数的误差（平均数的标准差），又叫标准误（与群体的标准差的关系）。用 $S_{\bar{x}}$ 代表之，其计算公式如下：

样本平均数的标准差（标准误）$S_{\bar{x}} = \dfrac{S}{\sqrt{N}}$

$S =$ 样本的标准差

$N =$ ……个体数

由上式可知，标准误等于样本标准差的 $\dfrac{1}{\sqrt{N}}$ 倍，等于说，其变异的大小受两个因素决定：①样本标准差的大小，S 愈大，则 $S_{\bar{x}}$ 也愈大，②反之则小；②样本个体数的多少，N 愈大，则 $S_{\bar{x}}$ 愈小。

利用标准误，可以衡量样本平均数对总体平均数的离差的范围，部可推知总体平均数的放差对的范围，也就是这个范围还需要用一定的概率作重保证。

例如：在某玉米试验区的钵栽株中随立50个单株，测得其长度，13到 $\bar{x} = 6.50$

$S = 0.8$ 寸。若要接出样本的结果来推测所会区玉米果穗长度新对的范围差异，那其最大值与最小值差多少？

（原稿第 36 面）

S = 样本的标准差，N = 样本的个体数。

由上式可知，标准误为样本标准差的 $\dfrac{1}{\sqrt{n}}$ 倍，并可知其变异的大小受 2 个因素决定：①样本标准差的大小，S 愈大，则 $S_{\bar{x}}$ 也大，反之则小；②样本个体数的多少，N 愈大，则 $S_{\bar{x}}$ 愈小。

例如：在某玉米试验区的全部植株中，取出 50 个果穗测量其长度，得到 $\bar{x}$ = 6.5 寸，S = 1.8 寸。若要按此样本的结果来推断全区玉米果穗长度所处的范围是多少，即其最大值与最小值是多少？

运用上述计算其标准误差：

$$S_{\bar{x}} = \frac{S}{\sqrt{N}} = \frac{1.8}{\sqrt{50}} = \frac{1.8}{7.07} = 0.2546 寸。$$

假若用95%的把握来估计，总体平均值是落在 ~ 样本左右的范围。（即它落在100个估计当中有5个是估错了，95%的把握）

→

a、标准误差是表示样本平均数对总体平均数的偏差范围。即可推知总体平均数可能出现的范围。

如，某汽车试验场有100台，从中随机调查9台（4个样本）的平均耗油量为80公斤，标准差为12公斤。由此想知：推导本样车的结果来判断全厂100台的平均耗油量的范围是多少？则

$$S_{\bar{x}} = \frac{12}{\sqrt{9}} = 4公斤$$

就是说，其全部试验比每台车耗油量为 80±4公斤，即范围是76到84公斤之间。

（原稿第 37 面）

应用上式计算标准误:

$$S_{\bar{x}} = \frac{S}{\sqrt{n}} = \frac{1.8}{\sqrt{50}} = \frac{1.8}{7.07} = 0.2546 \ 寸。$$

假若用 95% 的机率来保证该试验区果穗长度可能处在的范围（即定为在 100 个结论中有 5 个是错误的, 95% 的把握）。

利用标准误, 可以确定样本平均数对总体平均数的离差的范围, 即可推知总体平均数应处的范围, 但是这个范围还需要用一定的机率值来保证。

a. 标准误是表示样本平均数对总体平均数的偏差范围, 即可推知总体平均数所处的范围。

如, 某大面积试验田共 100 亩, 从中随机调查 9 亩（4 个样本）的平均产量为 80 公斤, 标准差为 12 公斤。现在要问: 按此样本的结果来推断全区 100 亩的平均单产所处的范围是多少? 则,

$$S_{\bar{x}} = \frac{12}{\sqrt{9}} = 4 \ 公斤。$$

这就是说, 全部试验地每亩平均产量为 80 ± 4 公斤, 即单产是 76 到 84 公斤之间。

② 是不配的规定法

七值误差故（样本均故一总体均故
（x̄-M）与其机误的比例，即误差的情况

$$t = \frac{\bar{x} - M}{S_{\bar{x}}}$$

6. 标准误规定表示一个可能的偏差范围。

因当在总体中抽取一个样值作样本时，我们可以抽出很多的样本，而每个样本都有一个平均故这是无疑义的。假每个样本的平均故与总体平均故之间都可能有一误差存在，而这些误差都是不相同的，有的大些，有的小些，而我们根据公式所计算出来的误差实际上只有一个平均误差。

因此，上例所说合于试验此的平均产量为80±4斤并不可靠，因为如再另行抽取一样本时，它的平均故与总体的平均故的误差不会恰好小于或等于平均误差，也可能大于平均误差，它也可能大于80+4斤或在80-4斤。

———————————————————————（原稿第 38 面）

　　b. 标准误是表示一个可能的偏差范围。因为在总体中抽取一部分单位作样本时，我们可以抽出很多的样本，每个样本都有一个平均数，但是每个样本的平均数与总体平均数之间都可能有一个误差存在，而这些误差都是不相同的，有的大些，有的小些，而我们根据公式所计算出来的误差实际上只有一个平均误差。因此，上例所说全部试验地的平均单产为 80 ± 4 公斤并不绝对可靠，因为如我们另抽取一样本时，其平均数与总体的平均数的误差不会恰好小于或等于平均误差，也可能大于平均误差，即也可能大于 80 ± 4 公斤。

第三讲
育种讲稿：杂交育种　杂种优势的利用

148

第　章　铸造设计

第一节　铸造设计的定义

材料发展历史可以分：1. 选择阶段，2. 铸造阶段，3. 人工引变阶段。

选择是最古老最基本的材料方法，目前我们口生产上应用的材料绝大部分是借选择而创造出来的，因此，说我们现在把选择看成是材料的主要方法……但是，选择的实质未变，还是脱离不了自然的"恩赐"，把已选择之有的优良变异材料发掘出来而已。实际创造新材料还远远不能符合人们的要求。实践证明，到现在选择方法比原始社会时期高出10%左右的……学提高之材料的生产方法，人们就利用了铸造的方法……材料阶段。它铸造可以创造出世界没有过的更优良的材料。直到现在，这方法仍将许多技术上越过去的材料化。至于人工引变，更能够减在有关领域之材料造得更优的高阶化，创造出崭新的……

（原稿第 1 面）

第一章　杂交育种

第一节　杂交育种的意义

育种发展历史可以分：1. 选择阶段，2. 杂交阶段，3. 人工引变阶段。

选择是最古老最基本的育种方法。目前，我国生产上应用的品种绝大部分是借选择而创造出来的，因此，现在仍应把选择看成是育种的重要手法之一。但是，就选择的实质来说，还是能算是利用自然的"恩赐"，把自然界已有的优良变异材料发掘出来而已。它所创造的品种还远不能符合人们的理想，实践证明，系统选育一般只能育出比原好群体高出 10% 左右产量的品种。

为了进一步提高品种的生产力，人们从本世纪起就利用了杂交的方法而进入杂交育种阶段。通过杂交，可以创造出自然界没有过的更优良的品种，直到现在，这一方法仍为许多技术上先进国家的主要育种法。至于人工引变，更能超越原有类型和品种遗传性状的局限性，创造出崭新的、更

150

优良的品种、不适应未来池下半时的发展趋势，大过就泊弃了。人工引变的新品种，还是未学标，因此不是严格的育种方法。所以我们来说，除学选择育种外，尚有多种育种方法。具体说，各有育种过程。

(十) 半不林育种的方法。具体过举如说。

1. 升不及个半字样。获得开型杂种材料。

2. 互生培育，把二个半字的优良结合在一起，使……或别场……缺关。其后产生双字不具有的优等性状。

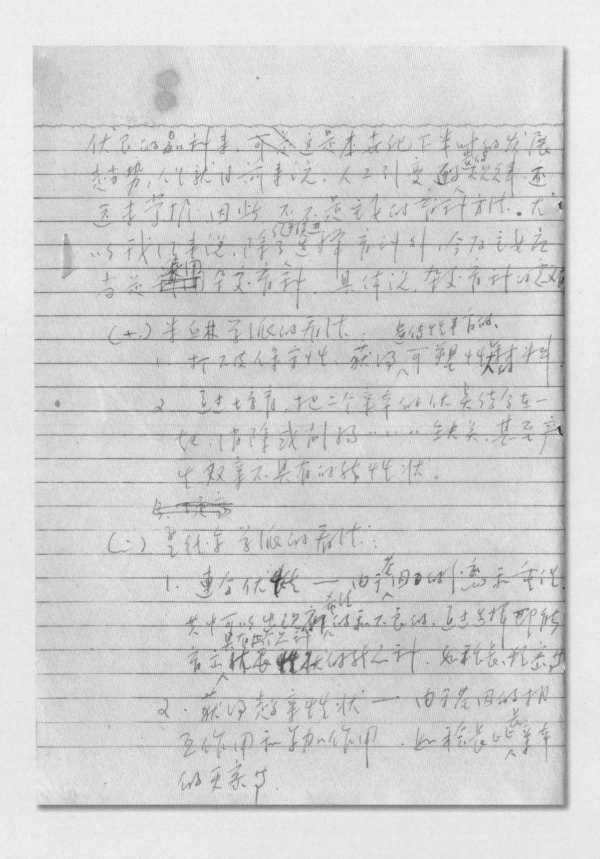

(二) 多纪半育种的方法：

1. 连合优种 —— 由于诸因的优良高丰产等，其中可以共化新特征和不良的。互生多培，即将言立株系各样的各之计。如株长，壮产，等

2. 株归杂交性状 —— 由于诸因的相互作用来丰加作用。如株长比单字的更亲予

（原稿第 2 面）

优良的品种来，这是本世纪下半叶的发展趋势，但就目前来说，人工引变的遗传规律还远未掌握。因此，还不是主要的育种方法。尤以我国来说，除了继续进选择育种外，今后主要应当是采用杂交育种。具体说，杂交育种的意义有：

（一）米丘林学派的看法

1. 打破保守性，获取遗传性丰富的可塑性的材料。

2. 通过培育，把二个亲本的优点结合在一起，消除或削弱亲本的缺点，甚至产生双亲不具有的新性状。

（二）孟德尔学派的看法

1. 连合优性——由于基因的分离和重组，其中可以出现新希望的和不良的，通过选择即能育出具有此品种的优良性状的新品种，如穗长、粒密等。

2. 获得超亲性状——由于基因的相互作用和累加作用，如穗长比长亲本的更密等。

第二节　生态条件与育种目标

正确地选择育种目标，是育种能否成功的关键
之一。如不掌握以后育种目标，一开始就选乱
了，把育种当做生物的延续上，就会使育种工作
完全失败。

§1. 选择依其优点，缺点少，以便以后
其实扬长计划的类型。

　　如：丰产、质优、不抗病 —— A.
　　　　丰产、质差、抗病 —— B
　　　　低产、质差、抗病 —— C.
则 A×B 示记其有综合优良类型的
机会较大。

　2. 既有丰产又有优.

§2. 改良一二个性状时，除目标性状外，
二个亲本的其他性状尽可能的相同。

§4. 选育丰产品种，除注意其他性状外，应
着重提高丰产因素选择亲本

　丰产性如：有效分蘖数（生长速度下）

（原稿第 3 面）

第二节　选配杂交亲本的原则

正确地选择杂交亲本，是杂交育种成功的关键之一。如不遵循已确立的某些原则，一顿盲目地乱杂交，把希望寄托在偶然性上，就会事倍功半或完全失败。

§1　选择优点最多、缺点最少，且彼此能相互取长补短的类型

如：丰产、质优、不抗病——A

　　丰产、质差、抗病——B

　　低产、质差、抗病——C

则 A×B 出现具有综合优良点品系的机会最大。

1. 选育丰产品种，除注意其他性状外，应着重按丰产因素选择亲本。

2. 改有严重缺点的。

§2　改良 1~2 个性状时，除目标性状外，二个亲本的其他性状应尽可能的相同

谷类作物：有效分蘖数（在正常密度下）、

154

颗粒大小（____（____）和____度，____料____
____文，_____、____实率。

棉花 ｛ 每____株____成 ｛ ____段____成
　　　　每____的____块____成 ｛ ____成
　　　　　　　　　　　　　　 每____的_____

如某_____少____计____料____，____
____分一____在____计____量____工____作____，____
____计。

§3. ____发育____段____发____育____的____长_____。
　　　——____熟度。

§4. ____美____，____长____，_____。
　　　——____章____。

§5. ____用____草____势
　　1. ____在____已____状____的____草.
　　2. ____对____计____书____章____关____
____适____，一____，____此____工____作____
____别____条____件____地方。

（原稿第 4 面）

穗的大小（长度、分枝数）和密度、每穗粒数、千粒重、结实率。

棉花：每株铃数（果枝数、果枝的铃数）、每铃的纤维数量（每铃种子数、每粒种子上的纤维数）

如某一亲本缺少某种或几种丰产因素，就可选择另一具有这种因素（目标性状）的品种作亲本，加以弥补。

§3　相对发育阶段和发育时期不等长的——早熟性

§4　生态类型差异大、地理上远距离的——超亲育种

§5　正确利用母本优势

1. 具有基本优良性状的作母本。

2. 为了使新品种对当地条件具有很好的适应性，一般以当地优良品种作母本，特别是自然条件不良的地方。

第三章 育种的方式和选择

育种的方式是多样的，在生产实践中根据不同育种的素材料，采用恰当的育种方式，作为达到育种的途径尤为重要。

1. 普通育种：或简单育种。

最常用的方式，就是指用二个品种进行杂交一次，然后代进行选择而成。

使在栽培上应用父本、母本在栽培材料，并有在其他性状合乎育种要求的材料用（早）"X"表示母本的品种。母本亲本杂交品种的F_1代杂交育种（F_0），由此杂交后代化性状、斗本代杂一代（F_1）举例如：

$$早 × 合B \xrightarrow{F_0} F_1 \xrightarrow{\otimes} F_2 \xrightarrow{\otimes} F_3 \cdots\cdots$$

用P_1表示亲本，P_2表示母本。

2. 复式育种。

a. 双交——用二个不同品种杂交，以种育种（E_1）再互相杂交（$A × B$）×（$C × D$）

（原稿第 5 面）

第三节　杂交的方式和符号

杂交的方式是多种多样的，选种家应根据不同育种目的和材料，灵活地利用这些方式，作为达到目的的有效手段。

§1. 根据杂交结合的类别分：

1. 简单杂交或普通杂交

最常用的方式，也较容易育出新品种，就是指用二个品种进行杂交一次，然后在后代进行选择培育。

供应花粉的叫父本，用♂表示，接受花粉的植株，然后在其上形成杂种果实和种子的叫母本（♀）。"×"表示有性杂交，母本写在前面，杂交当代所结的种子叫杂交当代（F_0），由此种子长出的植株叫杂种第一代（F_1），余类推，如：

$$♀A \times ♂B \xrightarrow{F_0} F_1 \xrightarrow{\otimes} F_2 \xrightarrow{\otimes} F_3 \cdots\cdots$$

用 P_1 表示亲本，P_2 表示祖代

2. 复式杂交

a. 双交——用二个不同杂交组合的杂种（F_1）再进行杂交

$$(A \times B) \times (C \times D)$$

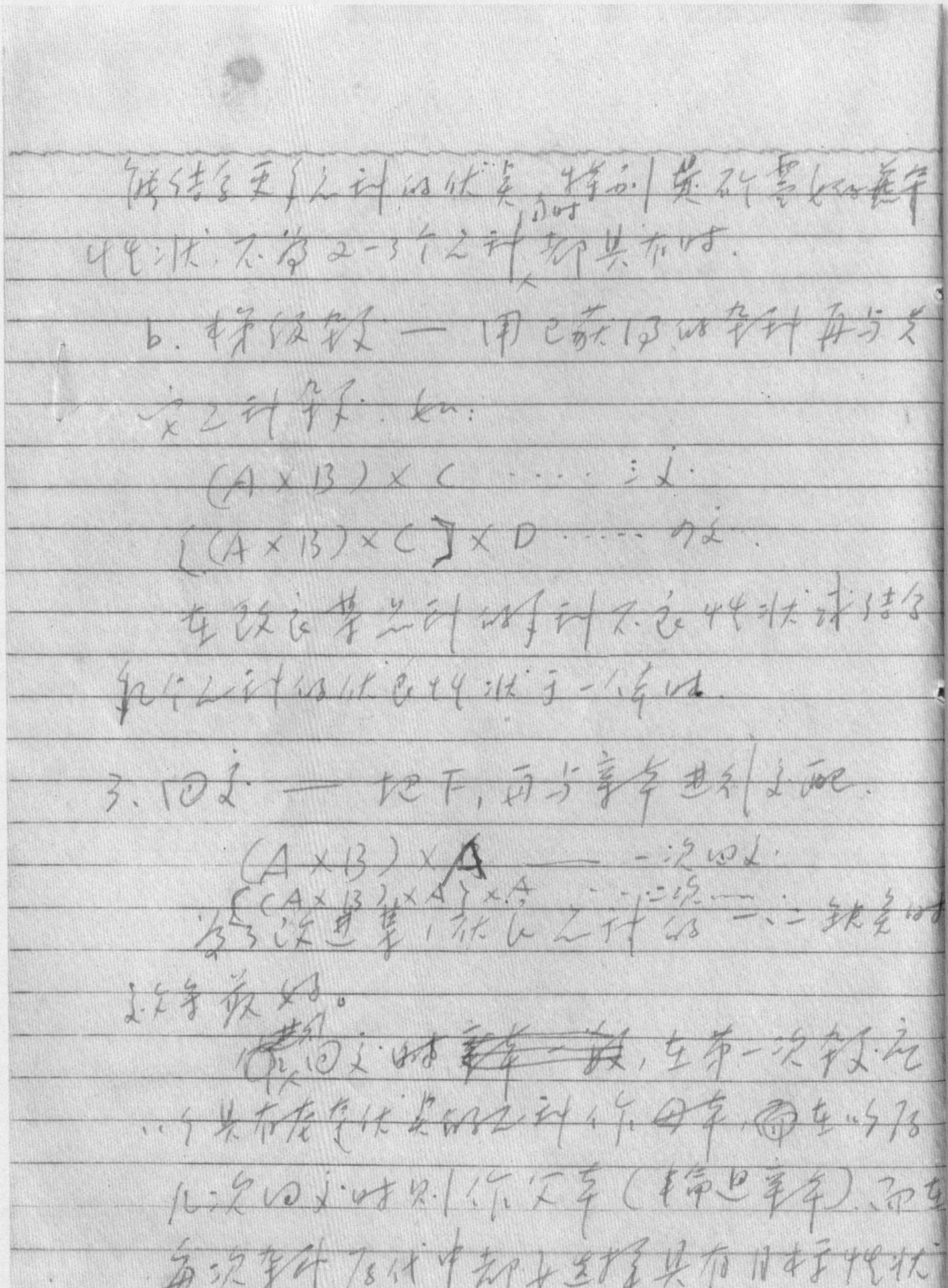

158

（前页文字）……计的优势，特别是……变年……
……状，不管2-3个……计都其为……

b. 标级数——甲乙丙丁……各种再为……
……之计算，如：

$(A \times B) \times C$ …… 三次.

$[(A \times B) \times C] \times D$ …… 四次.

……改良某些……时……不……状……
……计……优……状于一体……

3. 回文——地下，再分……

$(A \times B) \times A$ —— 一次回文.

$[(A \times B) \times A] \times A$ …… 二次……

……选进些……依乙……计……二……

……较好。

……回文时……一……在第一次……
……关在……优良……计作……车……在……
几次回文时……作……车（……里……车）……高……
……选……车……代中都……其有……性……
……行……作……车。

————————————————————————————（原稿第 6 面）

　　能结合更多品种的优点，特别是所需要的若干性状，不为
2~3 个品种同时都具有时。

　　b. 梯级杂交——用已获得的杂种再与其他品种杂交，如：

　　（A×B）×C……三交

　　[（A×B）×C]×D……四交

　　在改良某品种的多种不良性状或结合几个品种的优良性状于
一体时。

　　3. 回交——把 F_1 再与亲本进行交配

　　（A×B）×A……一次回交

　　[（A×B）×A]×A……二次回交

　　为了改进某一优良品种的一二缺点时效果最好。

　　进行回交时，在第一次杂交应以具有基本优点的品种作母
本，在以后几次回交时则作父本（轮回亲本），而在每次杂种后
代中都要选择具有目标性状的个体作母本。

4. 正交与反交.

指杂交中，在一种情况定义正交，在相反情况定义下为反交。如：$♀A × ♂B \rightarrow AB$ 正交.

$$♀B × ♂A \rightarrow BA \text{ 反交}.$$

在一般情况，正反交结果基本上是相同的一样，但在某些性状受细胞质控制的情况下，则有不同表现。

5. 性状相关（连锁遗传）.

用二个以上的性状材料，取他们的相关性.

$$A × (B + C + \cdots\cdots)$$

这样的杂种有时不止是具二个亲本的差异集中，而可综合创造优良性状.

提高单叶的营养率，可能年限则相应长.

但也不是那么容易就成功.

6. 杂种的选择.

5.2 根据材料来源:

a. 人工（控制）杂交. —— 后代选择发生率高

b. 自由杂交. —— 主要根据交配选择单株

（原稿第 7 面）

4. 正交和反交

指某个亲本，在一种情况是父本，在相反情况下为母本，如：

♀A × ♂B → AB　正交

♀B × ♂A → BA　反交

在一般情况下，正反交所得到的杂种完全一样，但在细胞质遗传和远缘杂交的情况下，则有不同表现。

5. 混合授粉（多父本杂交）

用二个以上的父本类型花粉同时给母本授粉。

A × (B + C + ……)

这样的杂种有时不止是只具二个亲本的遗传性，而可能具有多重遗传性。

效果类似复合杂交，而杂交年限则较短。

但不是那么容易能成功。

6. 杂种内杂交

§2. 根据授粉方式分：

a. 人工（强制）杂交——后代通常发生分离

b. 自由杂交——这是根据受精选择性

讨论。而2件关系，�此方法。（如（1）是具有选择号实在
生物学上最适在此材料实验的例句）。应用以体
时还注意：

1. 对生物本身有利的特性关系与经济上的特性
排除全，如第一代，则这种增产生活力也能与前出现的
良好特性重叠，此增产途径突，任有利的经济性状
也不发异了。

2. 细胞质成功的关键在于选择亲本。女本么种
大的特别来表。而在前以致足大缺点。母本应之性
是此新亲选在此突柱，生产上最作价值的优点
来找。

3. 女本么特性关系不大，可放宽起间。

具体方法：
①由父本向母本直生。一成对细胞系。杂
法本选材，设计此左一性。需化这些的例复杂
②母本为此个特性的之计印细作。一般与
实际名其化他特计花自然等中找之针
来针去此成此所特合的女本种其于偏差熟

（原稿第 8 面）

理论而研究出来的方法（卵细胞具有选择与它在生物学上最适应的花粉受精的能力）。应用此法时须注意:

1. 对生物本身有利的性状是否与经济上的要求相符合。如果一致，则既能提高生活力，也能结合优良性状。否则，生活力虽提高了，但有利的经济性状却变劣了。

2. 自由杂交成功的关键在于选择亲本，父本品种要有特殊优点，而在本地无重大缺点。母本应选对本地条件适应性最强，在生产上最有价值的优良类型。

3. 生态上彼此差异不大，开花期相同。

其方式又分:

①两个品种间的自由杂交——成对自由杂交:父母本并排地种植在一起，藉〔借〕风之助自由传粉。

②母本与几个特别选定的品种自由杂交——杂交区要隔离，即把母本周围种植田几个特定的品种，开花时♀去雄，或把几个特定的父本移置于隔离点内。

164

③ 记忆的神经。——中枢神经与记忆有密切关系，不能把记忆看做是某一特定的神经活动的结果。求把中枢与脑神经之间以联系，接受抑制而保持学记在在某种特定形式把之记忆变化，中枢不断与脑神经机向相联，个类记忆在有设。

优点：① 试验假设可新而证明为诸实方法，手段之多化
② 可的记忆。
② 试验在是记忆的，
④ 少的起不起某些证明有结构素，以及机种等
以许过程各式变化化，空有特性样 —— 可表示作成好材料。

（原稿第 9 面）

　　③充分地自由杂交——母本与很多其它品种栽培在一起藉[①]风、虫之助自由杂交；或把母本与授粉品种的种子，按照相等的份量混合起来播种；或授粉品种混合，母本不混与母本相间播种，父本行数要多设。

　　优点：①能很快得到不分离的后代，多数性状似母本。②能提高生活力。③即使有少数不像母本类型的个别植株，但它们常比强迫杂交更健壮，更富抵抗性——可选出作原始材料。

　　① 藉：借的繁体字。

第口节　车针石代的培育和选择

引 关于车针的培育问题.

1. 米丘林学派认为, 车针性状的发育与针芽条件的条件切身有关, 因此, 只要针芽条件培育, 如何控制呈现, 在条件适化性状在车针中成为长性代能中对关于……遗传不变……变坏. 故以性状对比差异, 给与营养性发育所需专的针芽条件……

2. 重视车针派认为, 针芽条件与性状的表现密不统改变发育因素. 车针的代依然遗传, 而各色因素在不同针芽条件下的表现就不同.

……任红肥×稻, 从中选择在因素条件, 专性改变件……, 表记良好, 大量推选车针下表现在长生同时滑性因素见与选相反, 因此, 对车针了代先进针研究的选择而就向培育.

3. 实践上的作法：择了车针的性状科, 车针后代的试车针中需与辅序些长的性状. ……

（原稿第 10 面）

第四节　杂种后代的培育和选择

§1　关于杂种的培育问题

1. 米丘林学派认为，杂种性状的发育与外界条件的作用密切有关。因此，通过外界条件的定向培育，就可控制显性，使亲本的优良性状在杂种中成为显性。但现在对这方面的规律还远未掌握，故只能原则上提出，给与目标性状发育所需要的外界条件。如经济性状一般是采用最优良的农业技术来培育杂种。抗旱性则给与干旱锻炼，抗寒性则给与低温锻炼等。

2. 孟德尔学派认为，外界条件是能影响表现型而不能改变基因型，杂种后代分离出很多不同的基因型，各基因型在不同外界条件下的表现型不同。例如肥 × 瘠，F_2 中耐肥基因型个体，在肥沃条件下，表现良好会当选。在瘠薄条件下表现不良会受淘汰。耐瘠薄基因型则与此相反。因此，对杂种后代只能做到定向选择而非定向培育。

3. 实践上的作法：除了个别情况外，杂种后代的培育条件应与推广地区的自然、农业条件相一致。如果试验的目的是想选在几种材料，就把如采收高地区的高产之材，以便在在优良的条件下进行结实选择。如果是想选用作水平低的土壤瘠薄地区之材，以选择在一般条件下培育。

随着干旱的早缩，可在早期将其件下进行，大庭亦可在病害较重时选择病条件下选育。

§2 本科的选择

1. 单选择法。

2. 比多单选择法。

3. 比较法与单因素择法。

———————————————————（原稿第 11 面）

条件相一致。如育种目的是创造适应于耕作施肥水平较高地区的高产品种，则应放在优良的条件下进行培育和选择。如果是创造适应于耕作水平低、土壤瘠薄地的品种，则应放在一般条件下培育。选育抗寒的早稻，可在早播低温条件下选择，抗病的可在病害较多或诱病条件下选择。

§2　杂种的选择

1. 系谱法

2. 混合系谱法

3. 混合法与集团选择法

第二章 垄断优势的利用设计

第一节 利用垄断优势的意义

不同工艺、设备及基础物料之间都存在着差异，即一代比它老的品种具有更大的生产力，这种记为以"优垄断优势"。所谓生产力强，是指代谢性较高，能较短时间内利用更多的科学条件。主要体现在生长势快（生长发育速度快），传种他化，传种或繁殖数量）增大，反抗力高，主流率性以及最后产量、品质提高等几个方面。

实践证明，利用设计第一代种优势是提高化工产量较有效的方法之一。其优点如下：

投资省、收效快、增产幅度大。

如同样条件下：

毛棉工艺，间套利增产 10-20%。
双套、工艺、间套利增产 30-46%以上。

设备增番改进普通型间，传套种毛条利用设计以 1/5（约5642台）。美国主要利用工羊棉以产每台产 200斤。而主要利用双工套种每台产 330斤，增产 60%以上。

（原稿第 12 面）

第二章　杂种优势的利用育种

第一节　利用杂种优势的重大意义

不同品种、自交系甚至物种之间的有性杂交第一代，比它的亲本具有更强大的生活力，这种现象叫做杂种优势。所谓生活力强，是指代谢强度高，能积极同化和利用更多的外界条件，这具体表现生长势强（生长发育速度快），体躯健壮，体型（或某些器官）增大，繁殖力高、抗逆性强，以及最终产量、品质提高等很多方面。

实践证明，利用杂种第一代的优势是提高作物产量最有效的方法之一。其优点在于：

投资少、收效快、增产幅度大。

在同样条件下：

玉米品种间杂种增产 10~20%，双交杂种增产 30~40% 以上。

现在世界各国已普遍采用，占世界玉米总面积的 1/3（约 6 亿多亩）。美国在未利用玉米杂种时，平均亩产 200 斤，而在利用双交杂种后亩产达 330 斤，增产 60% 以上。

不仅玉米，由其他许多作、何秋待粉许部蕊知高
梁、高梁、又或草原等功夫，也都表现出显著斜代
势，差同样取得了更大的坑产效果。

我口自解放后，在作物杂种优势的利用
末研究上，也取得了不少成绩。玉米杂种选积也
是扩大，1956年全但只20万亩，到57年即扩大到
近60万亩。杂种速度，由此可以见证之。据山西省
62年对22个县的初步统计，1.48公的双交斜，
比CK头坑产170余万斤，折合每亩多坑120斤。烟
草在我以坑产区，59年斜料品种即达50万亩，
以上，一般坑产25-100%，二项增高半级
至1级。高梁的杂斜优势比玉米还要显著，中
以科学院遗传坑究所三年的试验结果表现，利
用机性不交亲配成的杂斜，粒料产量比CK多30-
60%，差此产量多一倍左右，并成熟时仍为青
绿色，可作青饲料。坑枝玉早熟、丰产，抗倒无有
这都下降斜优势，据一些试验工作表现，杂斜
向较可坑产皮标10-20%，淮此×梅岛斜向空

（原稿第 13 面）

　　不仅玉米，在其他许〔多〕异花、自花传粉作物，如高粱、烟草、棉及蔬菜作物等，也都是在生产上利用了它们有明显的杂种优势，并同样取得了巨大的增产效果。

　　我国自解放后，在作物杂种优势的利用和研究上，已取得了不少成绩，玉米杂种播面积迅速扩大，1956 年全国只 20 万亩，到 1957 年即扩大到近 60 万亩，增长速度由此可以想见。据山西省 1962 年对 22 个县的初步统计，1.4 万亩的双交种，比 CK 共增产 170 多万斤，折合每亩实增 120 斤。烟草在我国主要产区，1959 年种植面积即达 50 万亩以上，一般增产 25~100%，品质提高半级至 1 级。高粱的杂种优势比玉米还要显著，中国科学院遗传研究所三年的试验结果表明，利用雄性不孕系配成的杂种，籽粒产量比 CK 高 30~60%，茎叶产量高一倍左右，并成熟时仍为青绿色，可作青饲料。棉花在早熟、丰产、优质等方面都有杂种优势。据一些试验研究表明，品种间杂交可增产皮棉 10~20%，陆地 × 海岛种间杂科。发挥……优势，使作物之产量大大提高……的优势，可到高产稳产目。

我们在……研究杂种优势……利用，尤其

第一节 杂种优势利用的意义

我们在研究它的……，因此，将杂种优势技术应用起来，使其有重大潜力的杂种优势起来，而有效应用到我区的农业生产上去，加速农业生产的发展，这是我们当前……重大意义的任务之一。

第二节 杂种优势利用的方式

作物的……一般……，表现最……，以后逐代大大下降，所以在生产上利用H，对某些能进行无性繁殖的多年生作物，可以利用很长时间的利用杂种。但一年生作物，必须年年配制F₁杂种，才能年年获得杂种。因此，这类作物必须具备一个条件才能在生产上利用：

① 杂种优势特别明显；② 较少的工作就可……

（原稿第 14 面）

种，皮棉产量接近陆地棉，但纤维品质则大大超过陆地棉，可制高档纺织品。

我省在利用杂优方面的研究和推广工作大大落后于形势，尤其我区几乎是空白点。因此，将这项工作积极开展起来，使具有重大潜力的杂种优势迅速而有效应用到我区的农业生产上去，为国家增产更多的农家品，这是摆在我们面前有重大意义的任务之一。

第二节　杂种优势利用的方式

作物的 H，一般以 F_1 最明显，F_2 以后就大大下降，所以在生产上利用 H。除无性繁殖作物和多年生作物，可得到较长期的利用外，一年生作物必须年年配制 F_1 种子，才能年年取得增产。因此，这类作物必须具备二个条件才能在生产上利用：①杂种优势特别明显；②杂交工作方便，能获得大量的，较好的B业或商品质。

　　（2）随着，这类农业科技的发展，有些价格的H，主去不能加以利用的，今天却已能生产，论证发挥其较产作用了（如高粱秸），有些作物（如玉米），长速直到今天还不能利用其H，但也有不少科学家在这方面开展了深入的研究，并已初见端倪，可以 ~~预见研究~~，在不久的将来，将会取得更大的实际成效。所以，H的利用前途是无限广阔的。这是现代设计的主要方向之一。

　　H的利用方式是多种多样的，但在今上也有两种：① 直接利用这种同类的H。② 先制造纸浆，然后配制不同类型的不同的产品。

　　1. 这类间接设计：这是利用H，最简便，较产较美廉著的一种设计方式。无论是以各异纸或原料或来制作书报，在类其有

——————————————————————————（原稿第 15 面）

能获得大量的杂交种子且成本低廉。

但要指出，随着农业科技的发展，有些作物的 H，过去不能加以利用的，今天则已在生产上广泛地发挥其增产作用了（如高粱等）；有些作物（如稻、麦），虽然直到今天还不能利用其 H，但有不少科学家在这方面开展了深入的研究，并已初见端倪，可以预见，不久的将来肯定会取得巨大的实际成就，所以，H 的利用前途是无限广阔的，这是现代作物育种的主要方向之一。

H 的利用方式是多种多样的，但基本上包括两个方面：①直接利用品种间的 H；②先创造自交系，然后配制不同组合自交系间的杂交种。

1. 品种间杂交种。这是利用 H 最简便、增产效果较显著的一种杂交方式。无论自、异、常异花传粉或无性繁殖植物，凡是具有

以上三个条件缺一不可印。这是目前我国与
我省实住情况的应用方式。

2. 预交车料，即供交易之间的货。
料。是在双方车料末从制造之表以前的一种
专门车间，比一车间还产效更大。

3. 半交车料，即二个不同股车之间的
车料，车料平于最高。但由于股车车料产
专体，成本高，按一般生产上限专印。

4. 双交车料，二片不同单元车料较。产是
的车料，由于是单元产品包的单文料，因
收成本低，是平三上最普遍车印的方式，
或1车料。

5. 储备车料人，这是优良股车胚芽车名。
的车料。车料优势可保持4-5年，不必年买
车料。这也是生店料的相土车料。

（原稿第 16 面）

上述二个条件的皆可利用，也是目前最切合我省实际情况的应用
方式。

2. 顶交杂种。用于异花传粉植物，即自交系与品种间的杂
交种，是在双交杂种未创造出来以前的一种过渡形式，比品种间
增产效果大。

3. 单交杂种。即二个不同自交系之间的杂种，杂种产量最
高，但由于自交系本身产量低，或不高，故一般在生产上很少直
接采用。

4. 双交杂种。二个不同单交杂交产生的杂种。产量接近单
交种植，由于其亲本是产量高的单交种，因此成本低，是生产上
最普遍采用的方式。

5. 综合杂种或多系杂种。许多优良自交系混合杂交的杂种，
杂种优势可维持 4~5 年，不必年年配种，这也是过渡性的推广
品种。

第三节 杂种优势 以及论争论.

§3 综合假说

认为杂种优势 产生 是多种（主要因以及作用）
同时存在于杂种优势中发挥作用.

如 矮意要节 × 长意稀节 ↓流豆

长×意球基长先. F₁杂 长意节.

1. 如其作用片矛店大, 生活力信化 杂种状 变到
   多信杂生的限制 { 对生. 先记长.
                   长生时长.

2. 如其生 长意节 竹生.. 无节 生好的 基
   信杂生状的优信各的 长意节信. 化
   由于铁生活动, 变到生活作用上的限
   制, 故 变好生 也表记不出来. 即此一部
   也比 也追生 成长尚状态.

§4. 杂种优势 与杂生状. 间 变标以 论学
   以基节   基生产生的成长信任.

   (于 图 多 假说). 如 以由先杂生状. 长意
   先, 大小, 招青青. 特别是 产基构成生状.
   如 株皮 粒 株. 千粒 重. 苍 长意 多生苍苍 信.

―――――――――――――――――――――――――――――（原稿第 17 面）

第三节　杂种优势的理论基础

§3　综合假说

认为显性互补和超显性（等位基因的互作）同时在杂种优势中发挥作用，

如：短茎多节 × 长茎稀节豌豆

F_1 长茎多节

1. 如果长 × 长或短 × 短，虽内部矛盾大，生活力强，但其性状受到遗传性的限制（没有良好的配合），难以增长。

2. 如果让长茎多节自交，虽有大幅度良好的遗传性状的纯结合的长茎可能分离出多节个体，但由于缺乏生活力，受到生理作用上的限制，故实际上也表现不出来。即一方非显性，即隐性或中间状态。

§4　杂种的产量优势是产量构成性状间平均值乘积的效果

（多因素假说）数量性状，如高矮、大小、轻重等，特别是产量构成性状，如穗数、粒数、千粒重、穗长及生长期等，

182

是变迟了微效在因实表你，它些在因差不暴
普遍4也许，他有呈加作用。

如: AABB   最高 4年化

AABb
AaBB 〉   次高 三年化
aaBB (划)

aaBb
AAbb 〉   中等 二年化
AaBb

Aabb 〉   次矮 一年化
aaBb

aabb   双矮

∴ AABB × aabb

↓
F₁ AaBb 中等二年化.

AABB × aaBB

↓
F₁ AaBB 三年化.

AAbb × aaBB

（原稿第 18 面）

是受许多微效基因控制的，这些基因若能产生一定效果，并无显、隐性之分，但有累加作用。

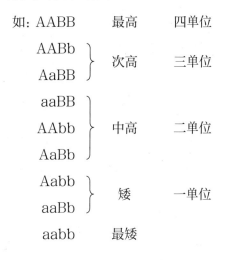

如：AABB　　　最高　　　四单位

AABb ⎫
　　　 ⎬　次高　　　三单位
AaBB ⎭

aaBB ⎫
　　　 |
AAbb ⎬　中高　　　二单位
　　　 |
AaBb ⎭

Aabb ⎫
　　　 ⎬　矮　　　一单位
aaBb ⎭

aabb　　　　最矮

以　　$AA^4BB \times aa^0bb$

↓

F_1AaBb　　　中高二单位

↓

$AA^4BB \times aa^2BB$

↓

F_1AaBB　　　三单位

$AA^2bb \times aa^2BB$

例一：

	穗的⊕	机收	总机收	证?率
P_1	10	200	2000	
P_2	20	100	2000	⊕
F_1	15	150	2250	12.5%

由此这一假设，x/ 某与相对性状（亲与相性状）差异越大，x/ 杂种?? 越??。

例二：

	穗数	机收	总机收
P_1	5	400	2000
P_2	25	80	2000
F_1	15	240	3600	80%

反 x/. 杂种? 越??

例三：

	穗数	机收	总机收	
P_1	8	240	1920	⊕
P_2	12	170	2040	
F_1	10	205	2050	0%

——（原稿第 19 面）

例一:

	穗数	粒数	总粒数	增产率
P_1	10	200	2 000	
P_2	20	100	2 000	
F_1	15	150	2 250	12.5%

按照这一假说，则亲本相对性状（产量构成性状）差异越大，则杂种产量越高。

例二:

	穗数	粒数	总粒数	增产率
P_1	5	400	2 000	
P_2	25	80	2 000	
F_1	15	240	3 600	80%

否则，杂交产量越低。

例三:

	穗数	粒数	总粒数	增产率
P_1	8	240	1 920	
P_2	12	170	2 040	
F_1	10	205	2 050	0%

第三节 品种间杂交

§1 杂种优势的优点（被称为利用玉米、高粱）

凡水陆使这个品种杂乎都结坛产，杂种怎样去考与虑，与坛产有关是否决定性作用，是亲本亲交的关係。优点如下：

1. 优美育了缺美致力具结互补的二种。

"与本的多缺优食性状待合去各种生。

特别是产量构成性状，必然就存在差异。

玉产×高产如果构成性状相差，会有乱。

亲体效率不大，必然有差别

优×优 坛产必定不大了之不石结体多记石 杂种。

只有中或亲×高产 配合成实大产量构或必生状时，才能显示充实致的杂种优势

如 大叶×小叶菜 就果新×打×去器合力例时。

2. 生态上差加大或地话上立意见的。

杂种优势的急好，决定于两亲性体状把 在遗传上系与论上的差异根度，在一定范围内，品种差异越大则优势越高。

（原稿第 20 面）

第三节　品种间杂交

§1　选配亲本的原则（一般主要利用在玉米、菸草上）

并非随便二个品种杂交都能增产，亲本选择适当与否，与增产有效果有决定性作用，是最重要的关健。原则如下:

1. 优点最多、缺点最少且能互补的品种，以求得多数优良性状综合在杂种上。特别是产量构成性状，彼此应有差异。

高产 × 高产，如果产〔量〕构成性状相差，虽有增产，但效果不大。

低 × 低，性状虽有差别，增产效果亦大，但不能超过现有良种。

只有中或高 × 高产，配合成最大产量构成性状时，才能显示出最〔好〕的杂种优势。如大叶 × 多叶烟，多行 × 长果穗少行时。

2. 生态上差别大或地理上远距的。

杂种优势的强弱，决定于两亲本性细胞在遗传上和生理上的差异程度，在一定范围内，这种差异越大则优势越强。

一般用当地估算工时求得料比各年的新进料学
一年率，而造用也差上差别大，地估上这所高的
作为一年率。过下配以下，轻更好的至ち当也差个呼
3 如无此要资料×硬打料。

3. 开者以乡估笑和的作时客。

4. 开在如相同，以乡至于很拓计床火灾，
28己未过，告可以乡恐舍面与右。

§2 估计达报停上亦化。

　　　　　　　　　　　　　　　　　　　　　　　　　　（原稿第 21 面）

　　一般用当地优良品种或种植多年的引进种为一亲本，而选用生态上差别大、地理上远距离的作另一亲本，这样的 F_1 能更好的适应当地条件。

　　如玉米，马齿种 × 硬粒种。

　　3. 以优点多的作母本。

　　4. 开花期相同，以免分期播种麻烦。对玉米来说，♂可以迟 5 天左右。

　　§2　育种的程序和方法

第四节 无性繁殖不孕性的利用

引起雄性不孕诸株及其遗传的控制。

利用杂种优势去采一代，三代有这条途径。但由于只能利用第一代，每年都须生产杂交种子，人工去雄，工程量一定很大，耗费很多的工作，不但会加成本，而且如去雄化不及时细致，还会降低杂交种子质量，进而影响生产效果。另一方面，有很多花器细小的作物如小麦、小豆，即花器小的等临理杂场，虽有很明显的杂种优势，但却不可能用善良人工去雄去代大大规模生产杂交种子。

因此，要想大量利用杂种优势必须解决这个问题，为了降低成本，必须设法简化甚至省去人工去雄化工作。

多年来在这方面的研究，已经取得了相当的成功。现在总是有二：一是化学去雄化，以当代杂交结种的母本性株，去喷施某种药剂使其丢去花，一是利用遗传性上的无性的不孕之条件，每年根本免去雄化手续。前一方法，方法目前还处试验研究阶段，尚未利用于生产实践，

（原稿第 22 面）

　　第四节　雄性不孕性的利用

　　§1　雄性不孕现象及其遗传机制

　　利用杂种优势虽是一增产的有效办法，但由于只限于利用第一代，每年都须生产杂交种子，因此，有二大问题：①人工去雄是一项十分繁重的工作，不仅增加成本，而且如去雄不及时、彻底，还会降低杂种种子质量，影响增产效果。②另一方面，有很多重要的作物，如水稻、小麦，由于是花器小的单胚珠植物，虽有很明显的杂种优势，但却不可能用普通人工杂交法大规模生产杂交种子。

　　因此，为了降低成本和扩大杂种优势利用的范围，必须设法简化甚至省去人工去雄工作。

　　近年来在这方面的研究，已经获得了相当的成功，主要途径有二：一是化学去雄，以化学剂处理母本植株，达到杀死雄配子的效果；一是利用遗传性上的雄性不孕品系作母本，根本免去去雄手续。前一方法目前还在试验研究阶段，尚未应用于生产实践，为一部书，已经成为省学主要手，日前，许多（记者）已大大改革至用对代生产表针，取得了很大的（试验）基，并有（推广前的前景）。

1. 杂种优势不育的变化

杂种优势不育记录是很普通的，在主要种植（作物中（如玉米、高粱、小麦、水稻（棉）、大豆）均（发现有：种）种植科（的优势化。一种是由于受到不良的外后条（的）、例、倒（如玉米，而形成）以杂种优势不育。这种不育特（是不遗传的，故（）有利用价值。另一种是遗传上的杂种优势不育，它不因环境条件的改变（）种特化，只有这种才对生育科工有利价（化）。

杂种优势不（）杂种的（特征（之意。稳定正常地（）植物生育开放、作（花（药）（）（正常）（）（产生较少，不能开裂，或开裂而（无）（花料），或有少量（花料），即空瘪，其内空无含（定料）（花粉不能（发到）受精（作用）。（雌蕊（有的）（有花）（雄）（不）（）（隆（）（缩，产色（）较（由），花丝不（能）伸长，因而（花（有（不）能）露（出）小（抬（（无）（花料）或花（粉料）（（或）（花料）干瘪）

———————————————————————————————————— （原稿第 23 面）

后一方法已经获得肯定效果。目前许多作物已大规律〔模〕应用
此法生产杂种，取得了很大的收益，并有极广阔的前景。

1. 雄性不孕的表现

雄性不孕现象是很普遍的，存在许多栽培作物中（如玉米、
高粱、小麦、水稻、烟草、大麦等），但有二种情形的不孕性，
一种是由于受到不良的外界条〔件〕影响，例如干旱而形成的雄
性不孕，但这种不孕性是不遗传的，故没有利用价值；另一种遗
传上的雄性不孕，它不因环境条件而改变这种特性，只有这种类
型在育种上才有价值。

雄性不孕植株的特征是：穗子正常抽出，花朵正常开放，但
花药发育不正常，颜色较淡，不能开裂，或开裂而没有花粉，或
有少量花粉而空瘪，其内缺乏淀粉，根本不能进行受精作用。有
些是花药在开花前已萎缩，颜色较暗，花丝不伸长，因而花药不
能露出小穗（无花粉或不能散粉，或花粉干瘪）。

关于老化细胞不易转移的问题，……（这点……）只要……有……的材料，就可以……结束。

2. 老化细胞不易转移的造作机制

……，老化细胞不易的……

a. ……型：老化细胞不……的……

b. ……型：……

c. ……型：……

上述三种类型……

（原稿第 24 面）

　　至于雄性不孕植株的雌蕊，则是完全正常的（其他部分也是正常的），只要授以有生活力的花粉，就可很好结实。

　　2. 雄性不孕性的遗传机制

　　据遗传学的研究，雄性不孕的遗传性有三种类型:

　　a. 细胞质型: 雄性不育的特性是受母本细胞质中的一对隐性基因控制的。以胞质雄性不孕系作母本，与正常可孕的父本杂交，其后代仍为不孕类型。

　　b. 细胞核型: 受细胞核中的一对隐性基因所主宰。与正常可孕父本杂交，子 1 代为可育类型，子 2 代分离出可孕与不孕二种类型。

　　c. 胞核胞质型: 决定于细胞质和细胞核的相互作用。与各种可孕父本杂交，子代出现各种可孕与不孕的。

　　上述三种类型唯有第一种最有利用价值。大家知道，在受精过程中，精卵细胞的受精主要是核的结合，精细胞质几乎是不带入受精卵中的。也就是说，合子的形成，核

196

定义母本的优势，使细胞质基本上都是母本的。

由于母本细胞质中具有雄性不育基因，因此，用细胞质就不会有母本与父本可以有什么差别。又（设计……细胞质，作母本的，得到的）都是在雄性不育的材料（因母体的细胞质是母本的），就这样下去继续杂交代代传下去，就样一直三是雄性不育的后代。如：

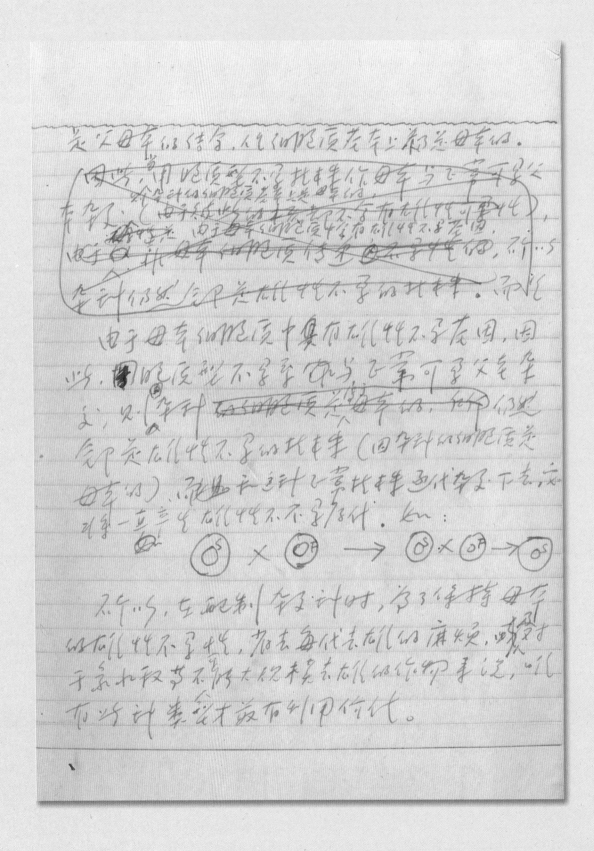

$$ \text{①} \times \text{②} \rightarrow \text{③} \times \text{④} \rightarrow \text{⑤} $$

不仅此，在配制杂交种时，为了保持母本的雄性不育性，省去每代去雄的麻烦，就对于杂种取其不需太多去雄的优份来说，也有许计类会才放有利应价化。

（原稿第 25 面）

是父母本的结合，但细胞质基本上仍是母本的。

　　由于母本细胞质中具有雄性不孕基因，因此，用胞质型不孕系与正常可孕父本杂交，则杂种仍然全部是雄性不孕的植株（因杂种的细胞质是母本的），而且和这种正常植株逐代杂交下去，它将一直产生雄性不孕后代，如:

$$\bigcirc\!\!\!S \times \bigcirc\!\!\!F \longrightarrow \bigcirc\!\!\!S \times \bigcirc\!\!\!F \longrightarrow \bigcirc\!\!\!S$$

　　所以，在配制杂交种时，为了保持母本的雄性不孕性，省去每代去雄的麻烦，以及对于像水稻等不可能大规模去雄的作物来说，唯有此种类型才最有利用价值。

§2. 在机械不变性生产中的应用。

在生产中的研制与设计中，因进一方面尤其用
低顶机械不变的去要求出率，但另一方面也不
该同时运用比较较传等的质量与特点
的工作之同学（即在机械不变的质量）及到
要求产生的条件仍然是机械不变的，它
不够特定义 推4产业状充到围信任。

因此，利用在机械不变生产的研究 计时，
必须同时具有三种类型：

1. 在机械不变量。

2. 在机"……"保持量：在前去出分机
械不变量定量批的公式，不同的差其有七年
花料、结案特义 用其的在制 要待不易量，
可以保存，若且下一代保持机械不变量。
这样，就能传 $M-S$ 保持下去 该要等
研究制研，计 增待 日专材料。（保持心部）

3. 在机械不变恢复量 — 不仅有可靠在
料，似保存。同生特义的花料 增待 $M-S$.

———————————————————————————————（原稿第 26 面）

§2　雄性不孕性在配制杂种中的利用

在杂交中的配制过程中，固然一方面要选用胞质雄性不孕的品系作母本，但另一方面也必须同时选用通过杂交能使杂种恢复结实性的父本品系（即雄性不孕恢复系）。否则，杂交后产生的杂种仍然是雄性不孕的，它不能结实，生产上就无利用价值。

因此，利用雄性不孕来生产杂交种时，必须同时具有三种类型:

1. 雄性不孕系。

2. 雄性不孕保持系: 在形态上与雄性不孕系完全相似，不同的是具有正常花粉，自交结实，用它的花粉授给不孕系可以结实，并且下一代仍为雄性不孕系。这样，就能使 M-S 得以保存下去，为每年配制杂交种提供母本材料（保持作用）。

3. 雄性不孕恢复系——不仅有正常花粉，自交结实，而且将它的花粉授与 M-S，

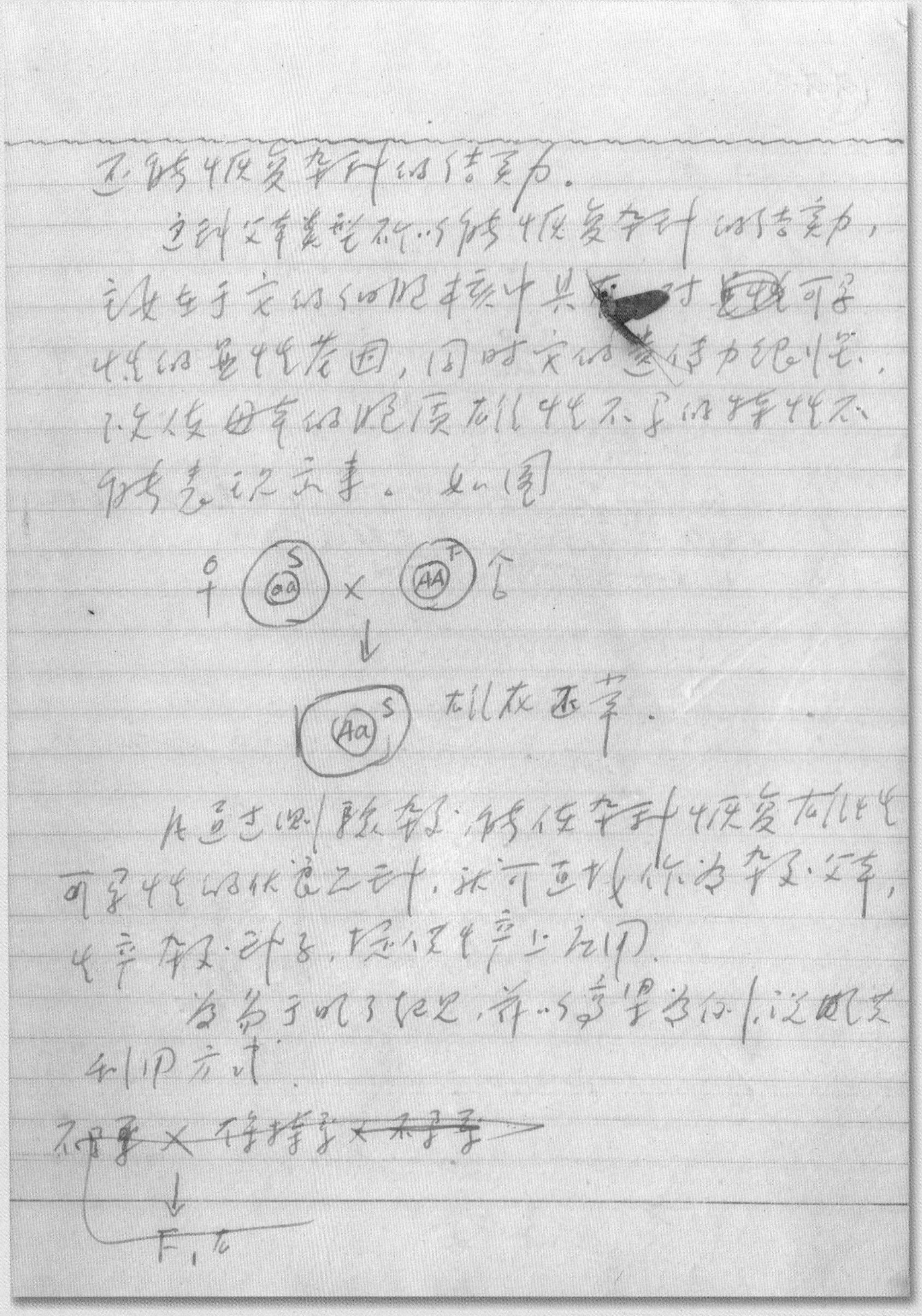

忘记4恢复育性的情况。

如到父本基型种… 给4恢复育性的情况，
使在子宫的细胞核中具有一对… 可复
4.5的基性基因，同时它的遗传力能决定，
以后母本的性质在4.5不受…基性在
…表现出来。如图

雄蕊在正常。

…转住育种4恢复有些性
可穿4.5以你宽之到，我可互换作为…父本，
也…育种计子，遗传性产上表现。

当为子代…记忆，在…5…望…住/这种交
利用方式

…×…×…
↓
F₁ 代

（原稿第 27 面）

还能恢复杂种的结实力。

这种父本类型所以能恢复杂种的结实力，主要在于它的细胞核中具有一对可孕性的显性基因，同时它的遗传力很强，致使母本的胞质雄性不孕的特性不能表现出来。如图：

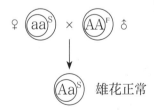

凡是通过测验杂交，能使杂种恢复雄性可孕性的优良品种，就可直接作为杂交父本，生产杂交种子，提供生产上应用。

为易于明了起见，兹以高粱为例，说明其利用方式。

二制田　　　　　　　　　一制田

♀不育系 × 保持系♂　　　♀不育系 × ♂恢复系

↓　　　　　　　　　　↓

F₁ 仍44不育　　　　　　　F₁ 恢复结实（杂种田）

（制种的不育系）

§3. 杂种优势的利用及 M·S 和 印-M·S，CMS

的利用　　在生产上的利用情况

A. 1. 杂种优势的基础理论研究

2. 种子的供应：

⑴ 制种

⑵ 原种 —— 子，严格不育系 —— 高纯度

3. 推广　　子，印与育种者

⑷ ↓

子：1 × 纯恢复系·

↓

子 —— 晚繁

子 —— 晚稻核型

B. 杂优变，这么多处，

C. 人之引种

——————————————————————————（原稿第 28 面）

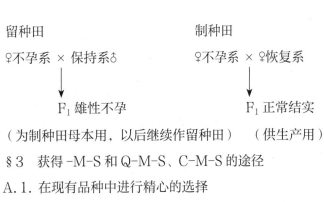

留种田　　　　　　　　　　　　　　　制种田

♀不孕系 × 保持系♂　　　　　　　　♀不孕系 × ♀恢复系

F₁ 雄性不孕　　　　　　　　　　　　F₁ 正常结实

（为制种田母本用，以后继续作留种田）　（供生产用）

§3　获得 -M-S 和 Q-M-S、C-M-S 的途径

A.1. 在现有品种中进行精心的选择

2. 科学的鉴定：

①当代；

②后代——子 1 全部为不孕者——最理想

　　　　　子 1 全部为孕者

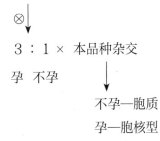

　　　　　3 ∶ 1 × 本品种杂交

　　　　孕　不孕

　　　　　　　不孕—胞质

　　　　　　　孕—胞核型

B. 正反交（远缘杂交）

C. 人工引交

图书在版编目（CIP）数据

袁隆平全集 / 柏连阳主编. -- 长沙 ：湖南科学技术出版社，2024．5.
ISBN 978-7-5710-2995-1

Ⅰ．S511.035.1-53

中国国家版本馆 CIP 数据核字第 2024RK9743 号

YUAN LONGPING QUANJI DI-JIU JUAN

袁隆平全集 第九卷

主　　编：柏连阳

执行主编：袁定阳　辛业芸

出 版 人：潘晓山

总 策 划：胡艳红

责任编辑：任　妮　欧阳建文　张蓓羽　胡艳红

责任校对：唐艳辉

责任印制：陈有娥

出版发行：湖南科学技术出版社

社　　址：长沙市芙蓉中路一段 416 号泊富国际金融中心

网　　址：http://www.hnstp.com

湖南科学技术出版社天猫旗舰店网址：

　　　　　http://hnkjcbs.tmall.com

邮购联系：本社直销科 0731-84375808

印　　刷：湖南省众鑫印务有限公司

　　　　　（印装质量问题请直接与本厂联系）

厂　　址：长沙县榔梨街道梨江大道 20 号

邮　　编：410100

版　　次：2024 年 5 月第 1 版

印　　次：2024 年 5 月第 1 次印刷

开　　本：889mm×1194mm　1/16

印　　张：14

字　　数：189 千字

书　　号：ISBN 978-7-5710-2995-1

定　　价：3800.00 元（全 12 卷）

后环衬图片：袁隆平与湖南省杂交水稻研究协作组成员在一起